# A2-85群

シロザ♀（9歳）　1989年生～
♂　1996年生～96年6月行方不明　0歳まで確認
♀　1998年生～98年秋行方不明　0歳まで確認
♂（8歳）　1990年生～行方不明
♀　1991年生～91年8月行方不明　0歳まで確認
♀（6歳）　1992年生～行方不明
♂（5歳）　1993年生～行方不明
♀　1995年生～91年8月13日死亡　0歳で死亡

ハギ♀（20歳ぐらい）　1987年以前～
メギ♀　1987年生～93年1月20日　交通事故死　6歳まで確認
コイタロウ♂　1992年生～97年秋行方不明　5歳まで確認
ムギ♀（9歳）　1989年生～
コムギ♀（4歳）　1994年生～
♀　1996年生～98年秋行方不明　2歳まで確認
♀（0歳）　1998年生～
ハヤ♂　1990年生～95年秋A2-84群へ　5歳まで確認
モモタロウ♂　1991年生～96年秋行方不明　5歳まで確認
♂　1992年生～93年5月行方不明　1歳まで確認
♂（5歳）　1993年生～行方不明
♂（3歳）　1995年生～
♂（2歳）　1996年生～
♂（1歳）　1997年生～
♀（0歳）　1998年生～
（12歳）　1986年生～行方不明

## おとなオス

サヨリ　1987年以前～94年11月死亡　20歳ぐらいまで確認
ブリ　1990年秋～94年11月死亡　20歳以上まで確認
メカジキ　1985年生～91年8月行方不明　6歳まで確認
マンボウ　1991年秋～98年9月死亡　25歳以上まで確認
イトウ（15歳）　1990年秋～
アンコウ　1991年秋～96年秋行方不明　12歳まで確認
ジンベイ　1992年夏～94年2月行方不明　12歳まで確認
ゴンズイ（14歳ぐらい）　1997年秋～
カマス（10歳ぐらい）　1997年秋～

カズラ♀（18歳ぐらい）　1987年以前～
♂　1988年生～90年9月台風で死亡　2歳まで確認
♂（8歳）　1990年生～行方不明
♂（4歳）　1994年生～行方不明
♂（2歳）　1996年生～
♂（1歳）　1997年生～

# クウとサルが鳴くとき

下北のサルから学んだこと

松岡史朗

地人書館

# 世界最北限

ニホンザルの北限の地・
青森県下北郡脇野沢村。

◉酷寒と強風が下北の冬の特徴。

◉吹雪の中、抱き合う。

◉下北のサルは大きい。

# 母と子

●コナス親子。母ザルの頭にのぼるオスのベビー。

●サツキ親子。野生ザルでは日本初のふたごが誕生した。

◉メギ親子。ベビーにとってつらい冬がすぐそこまで来ている。

◉「ギィアー、ギィアー」だだをこねるベビーに母ザルがグルーミングする。

# めるグルメ

色とりどりの木の実など、
がら野山を食べ歩く。

春

### ■フンの変化

食べ物の変化はフンからも読み取れる。春のフンは深緑色でやわらかく、実を食べる秋には種子が混じる。樹皮を食べる冬はコロコロとかたい。

◉キバナイカリソウの花や葉

◉カシワの若葉

◉カタクリの花

◉カタツムリ

◉ツノハシバミの実

◉エビガライチゴの実

◉ハリエンジュの花

◉オオハナウドの花

夏

# 旬の味を求

春のみずみずしい若葉や、秋の
サルたちは季節の味を楽しみな

冬

◉タマキビ

◉カワラダケ

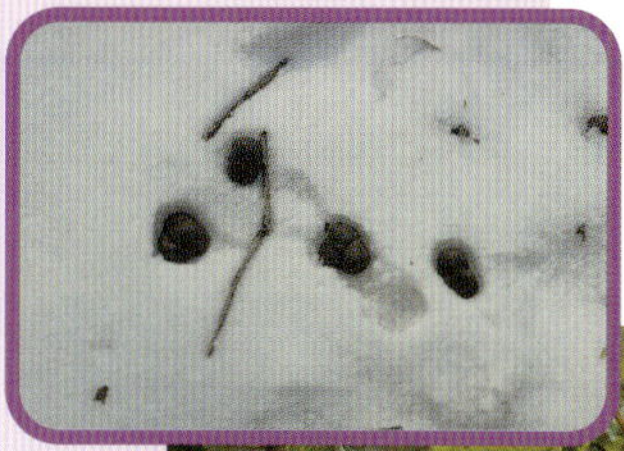

◉松ぼっくり

◉フキノトウ

◉アキアカネ

◉ガマズミの実

◉ムラサキシキブの実

◉マツブサの実

秋

# 春〜夏

◉オオバクロモジ。

◉マルバマンサク。

◉ヤマザクラ。

◉夏は涼しい川辺でのんびりと過ごす。

◉春は誕生の季節。ベビーは群れの宝だ。

◉ムギ親子。

# 秋・恋の季節

●見つめ合い、オスは積極的に誘いをかける。恋のかけひきの始まりだ。

●おとなオスの顔はいよいよ赤く。

# 冬の暮らし

◉ミズナラの枝に1頭、また1頭とサルが止まる。冬の朝はひなたぼっこから始まる。

◉キノコは冬の貴重な食べ物の一つだ。

◉猛吹雪の中のコイタロウ。

◉雪の中でもこどもたちは元気に遊ぶ。

# 共存への道

民家に侵入するサルが出没、新たなサル問題が始まった。
ここ下北は人とサルの生活が交錯する地でもある。

人とサルの生活を隔てる電気柵。

# クウとサルが鳴くとき

下北のサルから学んだこと

・

松岡史朗

地人書館

クゥとサルが鳴くとき——目次

## 第3章　サルもさるもの



## 第4章　春うらら



## 第5章　サル流、夏の過ごし方

# プロローグ

昨日の吹雪から一転、澄みきった青空が広がる下北半島の白い森。強い日差しで雪面がキラキラと輝く北国の冬の朝。谷一つ隔てた枝尾根上で、私はニホンカモシカの親子と睨み合っていました。五〇メートルは離れていますが、そう遠くはありません。もちろん寄り添って立つカモシカの親子も私に気づいていました。いや、警戒しているといったほうが的確です。私は数枚の写真を撮り、相手の出方を見守っていました。双方共にっちもさっちも行かない状況で、私が少しでも動こうものならば、カモシカの親子は踵を返し逃げ去るように思えたからです。静かで緊迫した時間が流れました。

そんな張り詰めた雰囲気が和らいだのは、カモシカの視線に変化が現れたときでした。私を注視していたカモシカが、私ではなく左上方、主尾根側を見つめることが多くなったのです。最初、母カモシカだけが一度二度と顔の向きを変えていましたが、しばらくして親子共主尾根側を見入るようになりました。親子の耳の動きや視線から尾根上に〝何か〟がいることが読み取れました。そして、この〝何か〟がわかるまでそう時間はかかりませんでした。正体はサルだったのです。

冬枯れのホオノキの枝にポツンと座る大きな身体、オスともメスとも判明できません。双眼鏡の中のサルは、逆光で身体の輪郭だけが浮き上がり光り輝いています。フサフサの毛並みに見とれていると、〈ホォー〉とサルの一声。そして、〈ホォー〉〈ウィー〉と続きました。そんな鳴き声と同時に、主尾根上にサルたちが次々と姿を現したのです。三〇センチは積もっている雪面を雪に埋まることなく歩いています。ガマズミのしなびた赤い実をつまみ食いするサルもいます。枝から枝へと移動するサルも目立ち始めました。

発見から一〇分もしないうちに、尾根上には十数頭のサルが広がりました。そして何と、サルたちはことあろうに、私が位置する枝尾根を降りて来るではありませんか。思わぬ展開に、驚きよりも嬉しくなってしまいました。目の前には特別天然記念物のニホンカモシカの親子がたたずんでいますし、近寄ってくるのが天然記念物の下北のサルたちです。動物好きの私にとっては願ってもない状況に、私の胸は高鳴りました。

ただ一つ意外だったことは、サルが私をちらっと横目で見るだけで、無視し足早に通り過ぎたことでした。ふつう、野生動物は人と出会うと逃げるものと思い込んでいましたが、下北のサルは私の存在を意に介せず、凛とした態度をとったのです。むしろ、動揺したのはサルではなく私のほうでした。

「なぜ、なぜ彼らは逃げないんだ？　この自信に満ちた動き、それに群れのまとまりはなんなのだろう？」

私は、子供のころから動物には関心が高く、大学では獣医学を学んだほどです。サルについても少しは知っているつもりでした。しかし、予期せぬサルの出現とその後の行動に、嬉しさ半分、不思議さ半分といった複雑な気持ちでした。

五〇頭近いサルの群れがにぎやかに枝尾根を降り、再び森に静寂が戻りました。あのカモシカの親子も、私がサルに気をとられているうちに、いつの間にか姿を消していました。

森の中での野生動物との出会いは、たとえそれが一瞬であろうと、緊張感に満ちあふれ、その場の空気さえも変えてしまうものです。カモシカとの空間を〝静〟の緊張感とするならば、サル

との間には〝動〟の緊張感が漂いました。
この下北のサルとの森の中での出会いが、私の野生ザルとの初めての対面でした。一九七九年一二月末、カモシカの生態観察・撮影のために訪れた、下北半島南西端脇野沢村の山の中でのことでした。当時、私は動物カメラマンを目指し、アルバイトをしてお金の工面が整えば、神奈川県の丹沢山地でホンシュウジカを、東京都の高尾山でムササビを、長野県の北八ヶ岳でホンドリスをと、広くさまざまな野生動物の撮影に飛び回っていました。私にとってここ下北半島は、ニホンカモシカの観察・撮影地だったのです。
残念ながらこの時の写真は、カモシカもサルも不満足な結果に終わりました。二兎を追う者は一兎をも得ずで、どっちつかずだったのです。ただ、凛々しいサルの記憶は今でも鮮明に残っています。そして、この体験が、私と下北のサルとのただならぬ関係の原点となったのです。
関西育ちの私が、まさか居住するとは思ってもみなかった北国ですが、豊かな自然と村人に魅せられて、一九八五年、下北半島に移り住むことになりました。森の中でサルと出会った脇野沢村です。この移住がきっかけで、身近になった下北のサルの観察・撮影に本格的に取り組むようになったのです。

# 第１章　世界最北限・下北半島のサル

## 奇跡のサル

「サルって、どんな動物？」

この質問に、あなたならどんなサルを思い浮かべますか？　高い知能を持つチンパンジーでしょうか、立派な体格で厳つい風貌にもかかわらず心優しいゴリラでしょうか。大きな鼻のテングザルもいますし、丸々とした瞳のメガネザルもいます。また、手のひらに乗るほど小型のマーモセットやタマリンもサルの仲間です。わいわいがやがやと集団で群れをつくるサルが多い一方で、たった一頭の単独生活を好むサルもいるのです。

このように、サルと一口にいっても、見た目も生活様式も千差万別、個性豊かな面々が揃い、まるでおもちゃ箱をひっくり返したようなありさまです。そんなサルのことを霊長類とも呼びますが〝優れたこころを持つ仲間〟という意味で、私たちヒトもこの一員です。地球上には約一八〇種類もの霊長類が暮らしているのです。

サルは物を握ることのできる手足を持ち、ことに手は、指が器用に動き、食べ物を手で持って口に運ぶこともできます。爪は一部のサルを除き、たいていが平爪をしています。視力に優れ、両眼が顔の前方にあることから、奥行きを正確にとらえ、物を立体的に見る能力が備わっています。また、サルはさまざまな色を識別して見ることもできます。ただ、臭覚や聴覚はそれほど発達していません。

食性は、昆虫だけを好むものや葉を主食とするものなど、限られた食べ物だけを採食するサルもいますが、多くのサルが植物質から動物質まで食の幅が広い雑食性です。中には、チンパンジーのように、他のサルを殺して食べてしまうつわものもいます。その他にも、長い妊娠期間をかけて出産し、ベビーの数も一〜二頭と一回の出産数が少なく、その後の発育も長い授乳期間が必要で、性成熟に達するまでに時間がかかることも特徴としてあげられます。

以上が大ざっぱな霊長類の特徴ですが、次の四群に一八〇種のサルを大別しています。

**（一）原猿**……あまりサルらしく見えない原始的なサルの仲間で、マダガスカル島にはキツネザルや歌で馴染み深くなったアイアイなどが生息しています。ガラゴという名で呼ぶものがアフリカに、ロリスやメガネザルの仲間は東南アジアに分布しています。いずれも足の第二指に先の尖ったかぎ爪を持っています。食虫類に近いツパイも、盲腸があることや脳や頭骨のつくりから霊長類の中の原猿に含める場合もあります。

**（二）広鼻猿**……左右の鼻のあなの間隔が広いサルたちで、中南米に分布し新世界ザルとも呼んでいます。いずれも樹上生活者で、まれにしか地上には降りません。クモザルやホエザルのように、尾を木の枝に巻きつけることのできるオマキザルの仲間と、小型で体毛が絹のように柔らかなマーモセットやタマリンの仲間に分けられます。

**（三）狭鼻猿**……左右の鼻のあなの間隔が狭いサルたちで、旧世界ザルとも呼び、尻だこを持つことが特徴です。ほお袋の有無で二グループに分けられ、ほお袋を持つオナガザルの仲間には、グエノンやヒヒ、コロブスなどがアフリカに、アジアにはブタオザルやカニクイザルなどのマカクが生息しています。尾が短くてもニホンザルはオナガザルの仲間です。また、ほお袋を持たないラングーンやコノハザル、テングザルたちもアジアに生息しています。

**（四）類人猿**……尾がなく、人に最も近いサルの仲間。ボルネオ島とスマトラ島に生息するオランウータンやアフリカのジャングルに棲むチンパンジーやゴリラは有名ですが、意外と知られていないのがテナガザル。シャーマンとかシロテテナガザルといった種類が東南アジアのジャングルに暮らしています。

鼻のあなの間隔が広い狭いでサルを区別するなんて、何とユニークな方法なのでしょう。ただ、分類はあくまでも人の便宜上のもの、サルたちはそんな人の都合なんておかまいなし、全く気にしていません。私たちがサルとひとくくりで言っても、ゴリラにとってはゴリラだけが、ブタオザルにとってはブタオザルだけが、リスザルにとってはリスザルだけが、同じ仲間であり気になる存在なのです。

ここで一つ気がつきませんか？　そうです、多くのサルは赤道直下の一年中暑い熱帯から亜熱帯のジャングルや草原に生息する動物なのです。そんな常夏の地に暮らすサルの中で、その分布の北の端、最も北に生息するのがニホンザルなのです。乾季と雨季の二シーズンで暮らすサルが多い中、春夏秋冬、変化に富んだ四季を背景とするニホンザルたちの暮らし。北で生きることは寒さや雪との闘いを意味します。欧米のサル学者は、酷寒の森で雪に埋もれ生きるニホンザルの姿を見て〝奇跡のサル〟と呼び、驚嘆したほどです。

では、ニホンザルにはどんな特徴があるのでしょうか？

「おさるのお尻は真っ赤っか」サルといえば、この言葉を思い浮かべる人がきっと多いはず。少々嘲《あざけ》りの言葉ともとれますが、ニホンザルの外見上の特徴を端的に表しています。ただ、赤くなるのはお尻だけではありません。顔も赤くなり、オスではぶらりと垂れ下がった陰嚢も、メスでは乳首も赤く目立ちます。

上：狭鼻猿類のカニクイザル、中：類人猿のシロテテナガザル、下：類人猿のオランウータン

いずれも中南米に生息する広鼻猿類のサルたち。上：ノドジロオマキザル、中：エンペラータマリン、下：クモザル

## 世界のサルの仲間

北緯 41°の下北半島に生きる奇跡のサル。１年の３分の１は寒さと雪との闘いだ。身を寄せ合って暖をとる。

また、すべてのニホンザルの顔やお尻が赤くなるというのではありません。ベビーや子ザルの顔は肌色ですし、お尻には毛が生えています。赤色の顔やお尻は、性成熟に達した以後のおとなのサルの特徴であり、特に交尾季の秋に鮮やかな赤となるのです。

もう一つ外見上の特徴に、尾が短いことが挙げられますが、このニホンザルの短い尾について、意外と知られていないのです。というのは、ニホンザルの絵やイラストを見ると、多くの人が長く細い尾を持つニホンザルを描くからです。サルといえば、尾の長い動物と決め込んでいる人が多いのです。

ニホンザルを含むマカク属のサルには、タイワンザル、カニクイザル、シシオザル、トクザルなど、細く長い尾を持つサルももちろんいますが、ブタオザル、クロザル、ベニガオザル、チベットモンキー、そしてニホンザルといった尾の短いサルもいるのです。また、マカク属の中で唯一アフリカ大陸に生息するバーバリーマカクは、北西アフリカのアトラス山脈に生息するサルですが、尾がなく容姿がニホンザルに大変よく似ています。このように、ニホンザルに近いサルの仲間でも尾の長さはまちまちで、サルだからといって一概に尾が長いとする思い込みは間違っているのです。

赤色の顔やお尻、短い尾といった特徴を持つニホンザルは、青森県の下北半島を北限に、南限を鹿児島県の屋久島として、北海道を除く日本列島の山野に広く生息しています。佐渡・隠岐・対馬・沖縄諸島など大小の島々には過去には棲んでいたのかもしれませんが、現在は生息していません。

世界で先進国と呼ばれる国々の中で、日本にだけ野生のサルが生息しています。アメリカにもカナダにも、イギリスやフランス、ドイツにも、野生ザルは棲んでいません。細長く面積の狭い日本列島ですが、その豊かな自然がサルの暮らしを支えているのです。

日本という先進国に生息するニホンザル。なるほど、ここにも〝奇跡のサル〟と呼ばれる理由がありそうです。

## 北緯四一度の意味

北米のニューヨーク、ヨーロッパのマドリードそれにナポリ、アジアでは北京、これら四都市の共通点を考えてみてください。シカゴやイスタンブールも加わります。

そう、北緯四一度前後に位置する都市なのです。同じ緯度といっても、ヨーロッパでは地中海性の気候で暖かな地域ですが、アジアや北米大陸では気温が氷点下にも下がり、時には豪雪にもなる厳しい冬を過ごす地域です。地球の広さを感じますが、日本では下北半島がこの緯度上に位置しています。ちなみに、南緯四一度は、南米ではアルゼンチンのパタゴニア地方、オセアニア

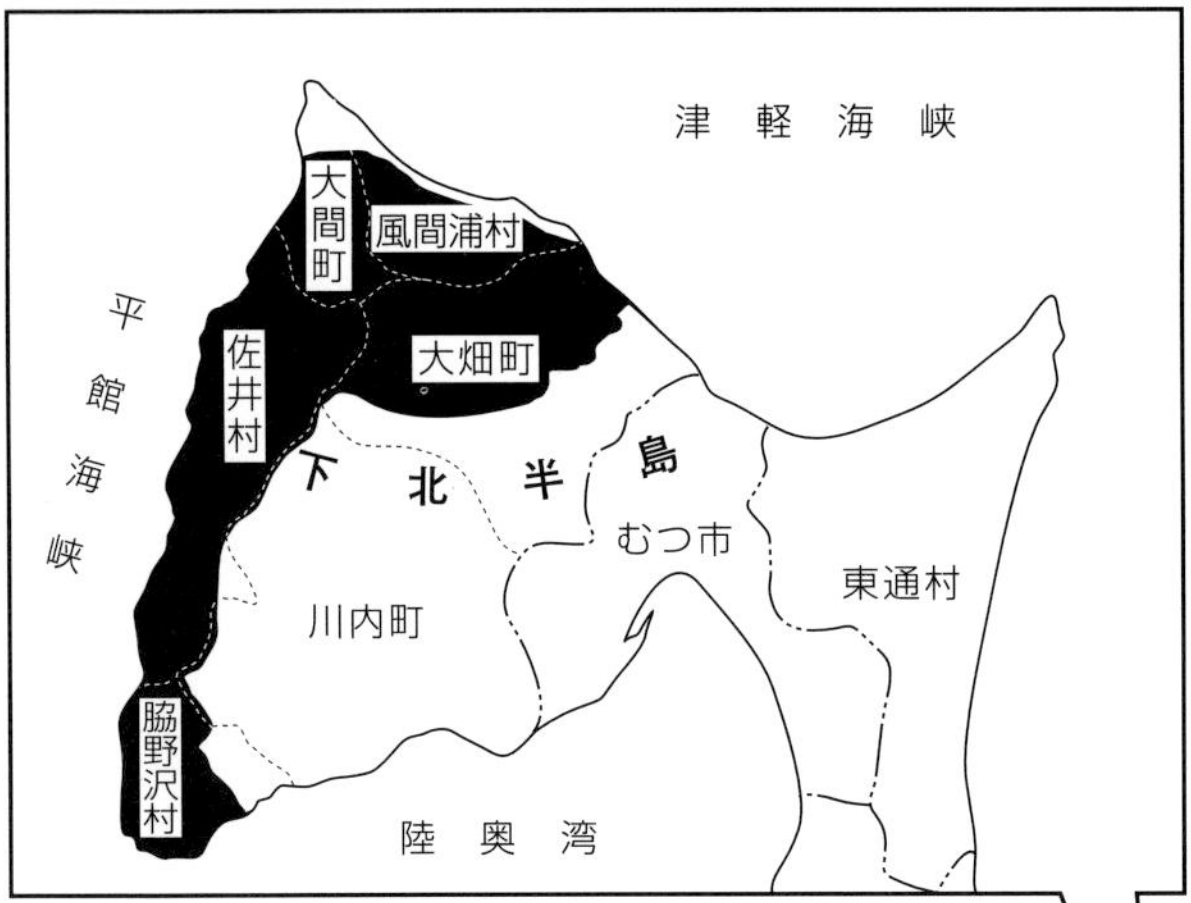


1998年の下北半島のサルの分布図

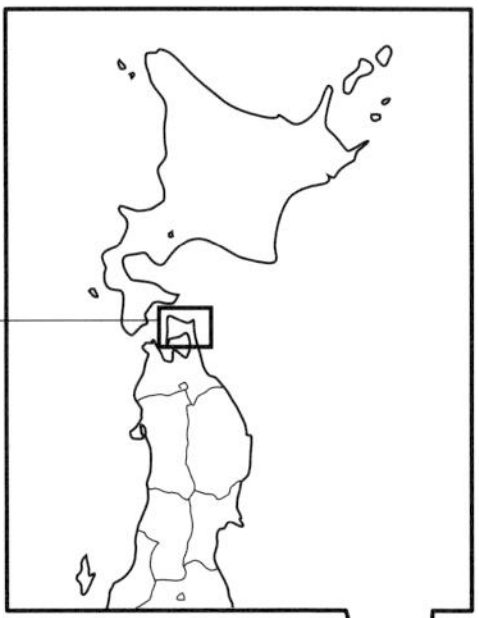

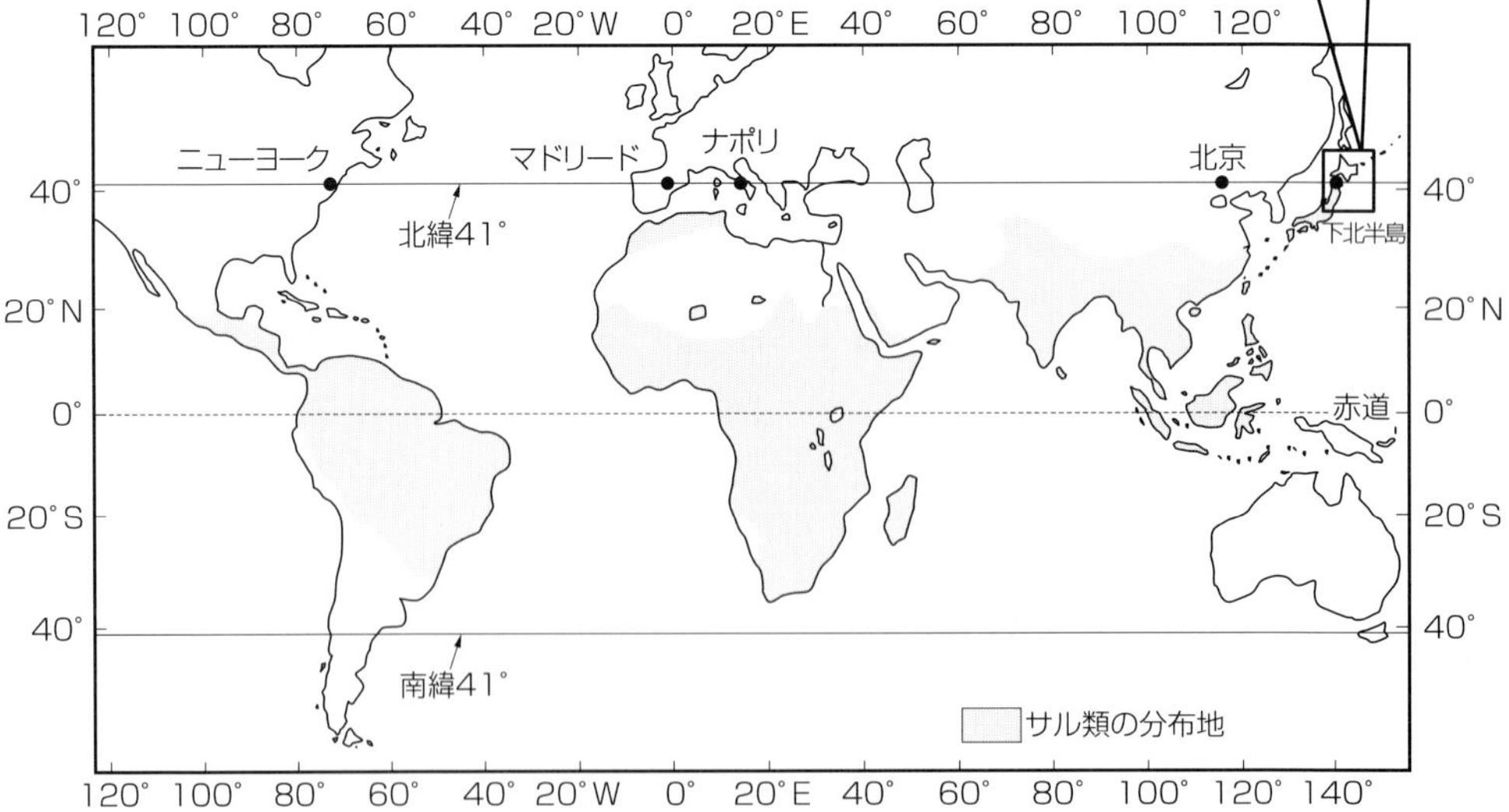


世界のサルの分布図

ではタスマニア島、アフリカ大陸に至ってはこの緯度に陸はありません。熱帯起源の霊長類にとって、北緯四一度の下北半島に暮らすニホンザルは、やはり信じられない奇跡のサルといえるかもしれません。

以前、私は北限の意味をそれほど重要視していませんでした。生き物が生息分布すれば必ずその分布には端っこが生じ、たまたま霊長類の中ではニホンザルが北の端に分布しているだけと思ったからです。それに、なぜサルにだけこれほどまで北限を強調するのだろうと不思議に思っていました。世界最北限のニホンカモシカとか、世界最北限のホッキョクグマなどとは言わないからです。しかし、私自身が下北半島に移り住み、その風土を身をもって体験したことで、この認識の甘さに気がついたのです。

氷点下二〇度近くまで下がる気温、体温

雪、雪、雪。あたり一面白い世界。寒々とした森に溶け込むようにして暮らす。

を奪い取ってしまう強烈な風、視界をなくす猛吹雪と、酷寒の冬は私たちにも厳しく辛い季節です。また、北東北の太平洋側に冷害を生む風〝ヤマセ〟にも閉口します。暑いはずの夏季、寒い風にあたると、神経痛や腰痛持ちには辛いばかりか気分まで滅入ってしまいます。人にとっても辛い風土の北国下北半島。この地に暮らすサルたちの強靭な生命力にほとほと感心させられます。

北限のサルの暮らしを調べることは、霊長類の寒さへの対応を知る手掛かりであるばかりか、霊長類の一員のはずのヒトが、この寒さという大きな壁を乗り越え、世界の隅々まで生活の場を広げることができた理由を考察する手助けにもなるのです。ここに北限の意味があり、北限のサルの価値があったのです。

## 山のサルと海のサル

現在、下北半島には、一七群約七五〇頭のサルが生息しています。まさかりの形をした半島北西部の風間浦村《かざまうらむら》や佐井村《さいむら》の山間域から、奇岩で有名な仏ケ浦を通り、断崖絶壁の西側海岸線を南下、半島南西部の脇野沢村《わきのさわむら》の海岸域に至るまで、起伏に富んだ険しい山々に広く生息しています。

生息環境が山深い山間域であることから北西部のサルを〝山のサル〟、海岸域が生活の場となる南西部のサルを〝海のサル〟、といつしか呼ぶようになりました。もちろんサルのことだから、人知れずひっそりと思いもつかない場所で暮らしている群れもいるのかもしれません。

一九六〇年代に北西部三群、南西部三群の合計六群、推定一五〇頭だったサルたちは、四〇年近い時の流れの中で大きく変革していきました。次々と群れの分裂が進み、生息地域を広げた山のサル、餌づけや捕獲といった人の介入が頻繁にあった海のサル、彼らの運命は人の都合で左右

山のサルと海のサル

広葉樹が生い茂る森や険しい岩場を自由気ままに渡り歩く“山のサル”（上）。餌づけの結果人に慣れ、農作物への被害などが社会問題となる“海のサル”（下）。対照的なサルだが、人と野生動物との付き合い方を考えさせられる。

されていたのです。下北のサルは群れの数も個体数もわからない混沌とした時代が続きましたが、近年サル研究者の積極的な調査の結果、ようやく下北のサルの実態が明らかになったのです。

サルの頭数を数えるなんて簡単なことと思われるかもしれませんが、実はたいへんな作業なのです。ただでさえすばしっこいサルたちが行儀よくしてくれるはずがありません。林道を横切るときとか、見通しのよい山の斜面に広がるとか、限られた状況が必要となり、むしろ運のよさがカウントの決め手とも言えるのです。

「〝サルを知る〟以前に〝山を知れ〟」ということを教えてくれたのが山のサル。未知の山々へサルと共に踏み込むとき、新しい発見を楽しむ余裕よりも、常に自分の現在位置を地図上で確認する作業に追われてしまいます。油断や判断の誤りが事故や遭難につながるからです。この一見大げさとも思えることは、山のサルたちが日々暮らす生息域の広大さや、その地形が決して楽なものではないことから裏付けられます。そんな山への緊張感が山のサルの大きな魅力なのです。

一方、餌づけの結果、人に慣れてしまった海のサル。農作物への依存が高く、野生の魅力に欠けるとの向きもありますが、むしろ私たち人の責任が問われるサルと言えるでしょう。テレビや新聞にたびたび取り上げられ、何かと話題の多いサルたちですが、至近距離でサルを観察・撮影できることから、彼らの顔や身体の特徴がつかめ個体識別が可能で、サルの行動や生態をより深く追究できる貴重なサルたちなのです。一頭一頭に名前を付け、毎日彼らと付き合っていると、自然に親しみもわいてきます。この親近感こそが、海のサルの最大の魅力なのです。

一七群七五〇頭の下北半島のサル。この数が多いのか少ないのかは、人によって判断が違うところでしょう。七五〇頭もいるのかとけげんに思う人もいれば、七五〇頭しかいないのかと心配

見よ、この堂々とした体格と気高き表情を。壮年期のオスは美しく、野生の誇りが伝わってくる。

する人も、またいることでしょう。私自身、この個体数が十分なものかどうか判断できませんし、するつもりもありません。なぜなら、適切な生息数は、人が決めるものではなく、あくまでもサルの側が自然に決めていくものだと考えるからです。

## ここが違う北限のサル

「でっかいなぁ、ここのサルは」

下北半島を訪れるサルの研究者から頻繁に漏れる感想です。下北のサルは日本列島の他の地方に生息するサルと比べ、体が大きく見えるというのです。実は、「見える」というのは正確ではありません。実際、下北のサルは身体が大きいのです。広い胸囲、重い体重、そして、がっちりとした体格をしています。

体が大きいと体積当たりの表面積が小さくなり、体の熱を奪われにくく寒さの厳しい

脈々と連なる下北半島の山並み。厳しい冬もこの豊かな森がサルの暮らしを支える。

地域で生き延びやすいという自然の法則がありまます。クマやシカ、キツネがこの法則に従っていますが、下北のサルもこうした寒冷地適応を遂げた結果といえるでしょう。ニホンザルのおとなのメスの体重が、南方では七キログラム前後ですが、下北だと一〇キログラム前後にもなり、かなりの体重差がみられます。

寒冷地適応は、下北のサルのふさふさした体毛にも隠されています。体毛は、引っ掻いたり、擦れ合ったり、咬まれた時に身を守る役目のほか、雪・雨・風などの寒さから身を守る保温の役目、美しくたくましく自分を見せる誇示の役目があり、哺乳動物の大きな特徴の一つです。

長く、細く、密生する下北のサルの体毛。いかにも暖かそうな白い綿毛に覆われた冬の毛は、風雪厳しい北国の自然現象から身を守り、その保温機能の高さは世界最北限のサルと呼ぶにふさわしい豊かな毛並みをしています。また、ふさふさとしたシルバーグレーの冬の毛が、九月から翌年の五月までの九カ月間と長いことや、毛色が南方のサルと比べ白っぽく、淡い色をしていることも、雪国のサルならではのことでしょう。

また、生まれたばかりのベビーの体毛密度を比べても、下北のサルのベビーのほうが、南方のサルよりも高い密度であることがわかりました。ふさふさの毛は、生後獲得した変化ではなく、生まれながらに持つ特性なのです。長い長い年月が、下北半島の酷寒の冬を生き抜ける身体に変えていたのです。

立派な体格と淡く豊かな体毛。ニホンザルが下北半島で何千年も生き続けた秘密がここにあったのです。

もう一つ下北のサルについて、私が一人満足している特徴があります。それは下北のサルは美形だということです。美しく、かっこよく、そして可愛いのです。特に、おとなのオス。鼻筋の通った面長な顔立ちには気高さが漂い、野生で生きる誇りがひしひしと伝わってきます。南方のサルのくしゃくしゃとした顔からは感じ取れない気品がみなぎっているのです。もちろん私の勝手な思い込みであり、ひいき目だと笑う人もいることでしょうが……。

COLUMN

## 「カ行」がサルの鳴き声 ？

日本列島には、サルの仲間はニホンザル1種しか生息していません。このようにある地域に1種類のサルしか分布していないことは、広く世界を見渡せば、むしろ珍しいことなのです。熱帯から亜熱帯のジャングルや草原に暮らす180種ものサルは、それぞれの生息地域が重なり、複数の種のサルたちが共に暮らしているのが現状です。

1998年、中米のパナマ運河に浮かぶ小島、バロ・コロラド島を訪れる機会を得ました。生物分類学者、生態学者をはじめ多くの科学者が、動植物、土壌、気候など“熱帯のいのち”の仕組みについて数々の業績を残してきた、中米のガラパゴスとも呼ばれる島です。

私のお目当ては、ホエザル、ノドジロオマキザル、ワタボウシタマリン、ヨザル、クモザルの5種のサルです。すぐに出会えると安易に考えていたのですが、当初は戸惑いばかりでした。容姿は写真や図鑑で調べていたものの、鳴き声や食べ痕などのフィールドサインについての知識は準備不足で、サルを発見する手立てを失っていたからです。

確かにサルの鳴き声は聞こえます、しかしどのサルの声なのか？　光を遮る鬱蒼とした密林で鳴き声の正体を見ることもできず、四苦八苦の状態が続きました。

〈カォーン、コッコッ、キュ、ピィッ〉がクモザル。〈カゥア、カゥア、キョッ、キョッ〉がノドジロオマキザル。〈ケゥー、コォウー、グゥアッ〉がホエザルの鳴き声です。それぞれのサルがその場その場で臨機応変に鳴き声や鳴き方を変えています。そうなればもうお手上げですが、一つ発見をしました。彼らはカ行で鳴くのです。そういえば、ニホンザルにもカ行の鳴き声が多いことに気づきました。カ行の鳴き声はサルの仲間の共通点なのかもしれません。

〈コッコッコッ、ゴォーォ〉早朝、天空に響く低く重い吠え声。雷鳴とも猛獣のうなり声とも聞き取れるこの声の主がホエザルだということだけは、予備知識のなかった私でもすぐにわかりました。

# 第２章　群れと遊動

## サルは友達

オソレ、ムツ、イタコ。下北半島で一番最初に名前をもらい、以後今日に至るまで、伝説のサルとして崇められた名高きサルです。一九六〇年代から七〇年代にかけて、下北半島南西部脇野沢村の九艘泊《くそうどまり》地区に生息していました。下北の地にちなみ名づけられ、オソレとムツがオスザル、イタコはメスザルでした。残念ながら私は、この三頭のサルとの触れ合いはありませんでした。

その後一九八〇年代の前半までは、マス、サケ、カジカ、トチ、ナズナ、カエデといったサルたちが活躍しました。サルによる農作物への被害が社会問題となり、彼らにとっては受難の時代でした。私の下北のサルとの付き合いもこのころから始まりました。現在では、シャチ、イトウ、ゴンズイ、ツツジ、サツキ、ナスといったサルたちが三群に分かれ、電気柵などの猿害対策が進む中、サルたちの新しい時代を担っています。

四〇年近く調査が続く半島南西部のサルですが、オスのサルには魚、メスザルには植物の名が付いています。それに愛称もあり、マンボウはマンちゃん、ゴンズイをゴンちゃん、老猿ウメに至ってはバァーサンと、より親しみを込めて呼ぶこともあります。また、ハギ、メギ、ムギ、コムギと最後を〝ギ〟で統一し、親子関係がわかるように工夫したり、ワサビ、サンショウ、ミョウガと香辛料でまとめたり、名前を聞くだけで、どの群れの、どの家系なのかが判断できるようにと、命名も凝っています。

名前の付いたサルは、何も下北半島のサルに限ったことではありません。日本各地でサルの研究や観察を続けている人たちが、それぞれの地域でそれぞれのサルに名前を付けています。サル山公園や動物園でも、名前の付いたサルが飼育されています。

身体の特徴をとらえたり、血縁を重視したり、それぞれふさわしい名前を考えますが、サルが自分の名前を気に入っているかどうかは別問題です。日本各地には、カミナリ、カタキン、ミミキレと、呼ばれてもうれしくない名前をもらったサルもいました。

人の容姿が一人一人違うように、サルも一頭一頭違っています。右脚の足首から先がないとか、

下北半島南西端、脇野沢村九艘泊地区。もうこの地より西に集落はなく、切り立った海岸線が北上する。

短い尾が根元からなくなっているなど、はっきりとした特徴のあるサルは、誰が見てもその違いがわかりますが、鼻の傷や耳の裂け具合、それに眼の異常など、近くに寄らないとその特徴がわかりづらいサルもいます。また、右手の中指が曲がらないとか、黒豆のように黒くてつやつやとしているサルの爪が肌色であるとか、右脚の中指の第二関節から先が欠損しているとか、双眼鏡でじっくりと観察しなければ特徴がつかめないサルもいるのです。

だから、そうそう簡単に名前とサルとが一致しませんが、時間をかけて見極めると、一見よく似たサルにもわずかな違いが見えてきます。このように、サルの違いを見分け名前を付ける観察方法を〝個体識別〟と呼んでいます。日本のある地域のサルには、この違いをより客観的なものにしようと、サルの顔に刺青《いれずみ》を入れたほど、サルにとっては何とも気の毒な個体識別もあったものです。

個体識別による観察が長期間になればなるほど、その精度も高く着眼点も鋭くなっていきます。鳴き声を聞くだけでサルの名前を当てられたり、シルエットやちょっとした仕草から、それが誰なのかがわかるようになるのです。

ただ、たとえ個体識別ができていたサルでも、季節の変化でサルの雰囲気が一変し、戸惑うこともありました。冬毛から夏毛への換毛季や交尾季のオスザルなど、信じられない変貌に、とても同じサルとは思えないことがあるのです。また、群れの中で個体識別ができていても、オスザルがハナレザルとなったときなど、今までと同様に個体識別ができるかが問われます。それまで堂々と振る舞っていたオスが、周りの状況の変化によって、おどおどとして覇気もなく、表情にも動作にも以前の面影が消えてしまうことがあるからです。すべてのオスに見られることではあ

お婆ちゃんザル“ウメ”と記念写真。気性の激しい彼女にはよく怒られたが、教わったことも多く、一番の友達だった。

りませんが、こんな状況でも個体識別の継続が必要となるのです。

究極の個体識別は、死体からの判断です。今までに五例の経験しかありませんが、生気も血色もないゆがんだ死に顔からの識別はけっこう難しく、これができれば本物です。

個体識別による観察の結果、サルの暮らしが少しずつ少しずつ明らかになっています。人に慣れているサル、人を嫌うサル、すぐに怒るサル、臆病なサル、世話好きなサルと、彼らの性格も十人十色ならぬ十頭十色。五年一〇年と付き合いが長くなると、子ザルからおとなまでの成長の記録がとれてきます。

人の親子と同様、実によく似たサルの親子。目じりが上がった母ザルからは、目のつり上がった子ザルが生まれています。また、勝手気ままに見えるサルの群れですが、血縁関係のある者どうしが一緒にいることがわかりました。移動の時や寄り添うときに、母子や姉妹、兄弟の組み合わせが多いのです。

名前を付けて毎日毎日出会っていると、自然に親近感もわいてきます。サルが友達に思えるのです。台風や大雨、吹雪のときに「どうしているんだろう」とか「大丈夫かな」と、ふっと親しくなった友のことが心配になります。サルへの思いが募る私ですが、サルもそんな私のことを「おっちゃん、元気かなぁ」と慕っていてくれれば、最高！　そんなわけないでしょうが。

人間以外の生き物、それも野生動物を友達にできるなんて、何て素敵なことでしょう。ただ、人

ブナ、ミズナラ、トチノキなどの広葉樹と、ヒバなどの針葉樹から成る下北半島の森。

キクザキイチゲの白色の花。早春の林床を彩る。

と付き合うのと同様、相手のことを気遣い、認め、配慮をしないと、決していい友達関係になれたとは言えません。

私が住む人口三〇〇〇人足らずの脇野沢村。村人の知り合いよりも、サルの知り合いのほうがずっと多くなりました。

## 個性豊かな群れ

現在、下北半島には、一七群約七五〇頭のサルが生息しています。サルの顔が一頭一頭違いそれぞれに個性があるように、サルの群れにも群れの個性があります。深い森の小道でばったりとサルの群れに出くわすと、群れによってその対応もさまざま。人の接近に気がつくやいなや一声も発せず一目散に逃げ去る群れ、〈クワン〉と鳴き少しは逃げるものの一定の距離を保ちしばらく様子を見る群れ、人慣れの結果人の接近を全然気にせずサルの世界に没頭する群れ、このようにサルの群れとの出会いにも感触の違いがあるのです。

ここで私が馴染みにしている群れのいくつかを紹介します。群れを表すアルファベットは、最初にその群れを発見した地名の頭文字からとったものです。Aは穴間海岸、Oは大崎海岸、Mは目滝川のこと。数字や小文字のアルファベットは、群れの分裂の数を表しています。84とか85、87は、群れを発見した年のことです。

〝A〇〇群〟と示される群れは、四〇年近く前、下北で最も古く群れとして認められたA群を起源としています。餌づけ、個体数の増加、群れの分裂、猿害の広域化、捕獲と、人の都合で群れの運命が左右されてきました。捕獲により群れが壊滅状態になりましたが、その後再び新しく群れを形成しています。人慣れしていることが餌づけの名残を示しています（二〇四〜二〇五ページの付録1「下北A群の推移」参照）。

**A87群**……個体数が五頭から始まり一〇頭前後の時代が長く続き、現在は一九頭に増えた小さな群れで、半島南西部の脇野沢村の西海岸線の狭い地域を遊動域にしています。左眼が白内障の長老のサツキ、子宝に恵まれ群れの繁栄に一役買うサクラ、シャイで仲間のサルと独特の距離間をとるクルミの三頭のメスザルが群れの中心です。オスザルは群れの発見から現在に至るまでの一五年間で六頭が入れ替わりました。以前は農作物をいたずらする群れでしたが、ここ数年生活の場を森に移し、民家周辺まで降りて来ることも時にはありますが、大きな農作物被害を出さなくなりました。群れの輪郭がよくわかる、小ぢんまりとした群れです。

**A2-84群**……総勢六〇頭を超える大所帯。若者の時代から立派なおとなとなった現在までの一五年間をこの群れで暮らすオスのシャチと、メスの老猿ツツジとワサビの家系が中心で、半島南西部脇野沢村の陸奥湾に面した海岸線の里山に暮らしています。スギの人工植林地とミズナラ、カエデの雑木林が主となる生息環境。数頭のオスグループが、群れの周辺でつかず離れずの状態を保ち、時には民家に侵入し、ひんしゅくを買うこともあります。人との接点が多く、ツツジを筆頭とした強烈な威嚇には閉口します。

**A2-85群**……総勢三五頭のよくまとまった群れで、半島南西部の脇野沢村の海岸域から山間域までの広い範囲に暮らしています。長い間、群れのシンボルだった老婆ウメと老爺マンボウを相次いで失い、今ではウメの直系のメスザルのナスやコナス、それにイトウやゴンズイといった若オスが中心で、世代の交代が進んだ若い群れです。群れのメンバー全員の家系もわかり、より深いサル社会の解明に最適の群れです。まだまだ農作物への執着が強く、夏から秋にかけては民家近くのスギの人工植林地や雑木林を生活の場とし、冬から春にかけては山深いヒバ、ブナの森でひっそりと暮らしています。ここ数年、撮影・観察に費やす時間が多く、顔見知りのサルが最も多い群れです。

**O群**……半島南西部脇野沢村の西海岸、断崖絶壁の険しい海岸線とその背後の森にしがみつくように暮らしていますが、ちょうどA87群の遊動域の真北に当たり、狭い範囲を渡り歩いています。人との接触を嫌い、危険な海岸線を逃げ去ることから、その実態がつかめず〝幻のO群〟と呼ばれています。一九六

遊動の途中、砂防ダムで一休みするA2-84群。人工構造物を避けるのではなく、むしろ利用する。

“幻の０群”の３～４歳の若オス。人を寄せ付けようとしない鋭い目をしていた。

三年に一三頭で発見して以来、三五年の年月が経過したにもかかわらず、総数が二〇頭を超すぐらいで、個体数が増えない不思議な群れです。ただ、下北半島の本来の森を彷彿するヒバ、ブナ、ミズナラの混交林が生息環境であることから、むしろ自然な増加率と見るべきでしょう。脇野沢村民家周辺の三群との暮らしの比較や、人とサルとの共存を探るうえで指標にもなる貴重な群れです。以前、片眼でありながら威風堂々としたオスザルのタンゲが群れの一員でした。

**M-1群**……現在下北半島に生息するサルの群れの中で、個体数八二頭と最大の規模を誇っています。下北半島北部の大間町、風間浦村、大畑町の二町一村にまたがる広い山間域を遊動域としています。私とは、一九八四年M群だった当時からの付き合い。老爺シュンゾウのほか、おこりんぼうのマジマや老婆タキなど多彩なメンバーが揃っていましたが、残念なことに群れの分裂で消息不明となりました。分裂後のM群は、M-1群、M-2a群、M-2b群、M-

２ｃ群と、今では四群に分かれています。比較的人に慣れているM-1群は、生息環境がヒバやブナに覆われた豊かな森に暮らし、野生の魅力に満ち満ちています。群れの後を追って、山深くまで足を運ぶとき、緊張感から足の指がきゅっと締まり、自然と気合の入る群れです。

以上の五群が、私が一五年間通いつめ馴染みになったサルの群れで、今回の主役です。このサルたちは、ただ単に写真のモデルや研究の対象というだけではありませんでした。時に師であり、時には友として、そして時にはわが子のように接してきたのです。ただし、野生に生きる彼らの誇り、これだけはいつも尊重してきたつもりです。

## なぜ、群れるのか？

〈ホォー、ホォー、ホォー〉〈クゥ、クゥ、クゥ〉

冬枯れの森に鳴き交わすサルの声。ヤマグワの樹に登り、冬芽を丁寧に、それでいて手早に食べるサルたち。そのふさふさの毛が、やわらかな冬の光を浴びキラキラと輝いています。一頭また一頭と白い森に広がったサルは三〇頭を数えました。

ニホンザル、彼らの暮らしを知るキーワードは「群れ」と「遊動」です。

ニホンザルの群れとは、母と子の絆の強い母系社会の集団です。とはいっても、群れにはオスザルもいますし、子ザルから年寄りまで各世代のサルが揃っています。ただ、ベビーや四歳までの子ザルではオスとメスの数の比率が同じくらいですが、おとなでは極端にオスザルの数が少なく、反対にメスザルがよく目につきます。

顔見知りが多い A2-85 群。マンボウとカズラの周辺をベビーたちが遊ぶ。

私が今まで観察してきた下北半島のサルの群れでは、五頭が最小の個体数で、最大では一〇〇頭近くの大群でした。群れのサイズは個々別々、群れによってさまざまで、一定したものではないのです。餌づけ群では、何と二〇〇〇頭を超す超大群が大分県の高崎山自然動物園に存在しています。

サルの群れのサイズを決定する要因について考えてみました。生息地域の地形、気候、植生などの自然環境は言うまでもありません。森林伐採や保護、捕獲、駆除といった人が関与することもあります。さらに、サルどうしの群れと群れとの関係や、サル自身の個性も深く関わっているのです。

では一体、群れのサイズの幅はあるものの、ニホンザルはなぜ群れるのでしょうか？

空いっぱいに飛び交うバッタの大群、海流に乗って回遊する魚たちと、昆虫や魚の世界にも群れはあります。異常気象が原因で極端に数が増加する場合もありますが、その多くは外敵から身を守ることが最大の目的です。仲間が集まり目の数を多くすることで、襲ってくる敵をいち早く気づき、反射的に逃げ、被害を最小限に食い止める。ここに群れる理由があるのです。

サルの場合はどうでしょう。群れているほうが、冬の寒さをしのぎやすいし、食べ物も探しやすくなります。オスとメスとが出会う機会も当然増えるでしょう。それに仲間と一緒のほうが、ベビーの育児にも好都合でしょう。また、今では絶滅した天敵オオカミからも逃れるのに有利だったに違いありません。このあたりに群れの意味が隠されていますが、サルの群れの大きな特徴は、自分以外の仲間を認め仲間に認められ、一頭一頭が主体性を持った集団ということです。いわば「こころ」の結び付きで、サルの群れは成立しているのです。この群れの質の違いが、昆虫や魚の群れと大きく違うところ。実際、サルの暮らしを見ていると、わいわいがやがやと実に楽しそう。群れるから楽しいのではなく、楽しむために群れていると思えるくらいです。

猛吹雪から一転、雲間からの青空を見つめ鳴き合うときも、厳しい寒さにどこからともなく集まって身を寄せ合うときも、新緑の森でみずみずしい草や葉をむさぼり食うときも、夏の強い光を避け涼しい谷間で身体を休めるときも、それぞれの季節それぞれの場面を共有するサルたち。同じ光の下、同じ風

西海岸の断崖絶壁で繁殖するミサゴ。この巣からは４羽のひなが無事巣立った。

雪の中、じっと私を見つめるニホンカモシカの親子。彼らの暮らしはサルとは対照的な単独生活である。

を受け、辛さや嬉しさなど、今の気分を仲間どうし感じ合っているのです。この共に感じること、共感こそが、群れ生活者の最大の楽しみなのでしょう。

下北の森には、特別天然記念物のニホンカモシカも暮らしています。ニホンザルが群れの仲間と集団生活をするのに対して、ニホンカモシカは一頭もしくは親子連れの二頭と、基本的には単独生活をしています。

寒風吹き荒れる中、岩場や切り株でさっそうと立ちつくすカモシカの姿は、まるで森の哲学者。一人ぼっちの寂しさよりも、たった一頭で生きるたくましさが伝わってきます。そんなカモシカとサルが森の中でばったり出くわすと、必ずカモシカがサルから遠ざかります。

「うるさい奴らが来たものだ、ここは逃げるが勝ち」そんなカモシカの声が聞こえてきそう。静かに暮らす一人者のカモシカにとっては、サルは騒々しく厄介者なのでしょう。カモシカの気持ちも十分に理解できますが、仲間と一緒に暮らす楽しさを、残念ながらカモシカは知らないのです。

# ハナレザル

サルの群れが、互いにこころを通わせながら結び付く、かなり高度な集団であることがわかってきましたが、一つ重大な問題も浮かんできました。それは、ハナレザルのことです。認め認められ、楽しいはずの群れから、こともあろうに離れていくのです。群れる意味を探れば探るほど、相反するハナレザルの存在が大きな壁となって立ちはだかるのです。

ハナレザル――。ニホンザルのオスは根っからの風来坊。生まれ育った群れから一度は離れます。ただ、私たちが学校を卒業し社会へ巣立つように、ある一定の年齢に達するといっせいに群れから出ていくというのではありません。早いサルなら三歳で群れから出た記録が、下北のサルにはあります。生まれ育った群れで一生を過ごすオスザルは本当にまれなことなのです。

離れのプロセスにもオスザルの個性が見られます。ある日突然、何の前触れもなく姿を消す〝蒸発〟のタイプ、これはおとなのオスに多いもの。一度短期間群れから出て、舞い戻った後、再び出て行く〝予行演習〟のタイプ、九頭の小さな群れの三歳の子ザルの一度きりの記録です。そして、他のオスと行動を共にする〝道連れ〟のタイプ、主に若いオスによく見られます。

また、群れから離れた後の暮らしぶりも、一人ぼっちで生きるヒトリザルもいれば、離れた者どうしで四～五頭の小さなオスグループをつくることもあり、さまざまです。

ハナレザルに関して興味深い記録がありました。一九九七年一〇月二八日、私の住む脇野沢村の七引《しちびき》地区にあるサル山公苑（捕獲した四八頭のサルが飼育されている）に、若いオスザル一頭が飛び込み死亡しました。サル山公苑の飼育ザルに関心が高まり、野生のサルが中に飛び込むこ

ハナレザル。ぽつねんとたたずむその心は、孤独なのか自由気ままなのか、それとも風来坊なのか。

とは、何も珍しい事件ではありません。過去にもサヨリやブリといった立派なオスが、生涯をこの死のダイビングで終えていたからです。

サルの頭のよさにはよくよく感心させられますが、時には「何で?」と首をひねりたくなることをしでかすのも、またサルなのです。ただ、今回の若オスは、首に電波発信機を着けていたのです。そのおかげで、公苑の係員は、死亡した若オスを土に埋めた後、私に連絡をしてくれました。

翌二九日、私は土の中から若オスの遺体を掘り起こし丁寧に調べました。冷たく硬くなった亡きがらには、ふさふさだったはずの体毛に多量の土が付着し、顔に出血の跡を見ただけで、致命的な外傷は診て取れませんでした。歯と睾丸の状態から一〇歳までの若者ザルと推定し、首に着けていた電波発信機をペンチで切り取りました。発信機には 12/96 との数字が記入してありました。

係員からくわしい状況を聞くと、以前から公苑近くをうろつくハナレザルではなく、どこからともなくやって来てすぐに飛び込んだ、とのことでした。サル山公苑周辺には四季を通して、一～二頭のハナレザルがいます。彼らもダイビング予備軍ともいえますが、古参の彼らではなく新参者の若オスが被害にあったのです。

そこで、すぐに下北野生生物研究所に問い合わせました。この研究所は、下北半島北西域のサルの群れに電波発信機を装着し、テレメーターによるサルの調査を実施していたからです。状況を説明したところ、次の情報を得ました。一九九七年の四月、風間浦《かざまうら》村の易国間《いこくま》地区で一五頭のI-1群の七～八歳のオスザルに電波発信機を着けたこと。12/96は電波発信機の製造年月日で、事故死したサルが間違いなくI-1群のオスであること。この若オスを六月まで電波による確認をとっていたものの、その後行方不明になっていたこと。

つまり、一九九七年四月下北半島北部の風間浦村易国間地区で電波発信機を着けられた若オスが、六月までは所在が確認できていたものの、その後行方不明となり、四カ月後の一〇月二八日半島南西部の脇野沢村のサル山公苑に飛び込み死亡、という出来事だったのです。

風間浦村から脇野沢村までは直線で四〇キロメートル。この距離は、サルの群れではとても移動できませんが、ハナレザルにとっては驚くほどの距離ではありません。自由気ままなオスが、あっちふらふら、こっちふらふらと渡り歩き、四カ月後たどり着いたのがサル山公苑だったのでしょう。以前から、下北半島の北西部のサルと南西部のサルがハナレザルを介して交流があると推測していましたが、この推測が事実として証明されたのです。

しかし一体、なぜオスザルは群れから離れるのでしょうか？　生まれ育った群れには母ザルもいれば、同級生やなじみのサルもいます。ずっと一緒に楽しく暮らせばいいのに、とついつい思っ

オスザルは必ず一度は群れから離れていく。その原因や理由はいまだにわかっていない。

てしまいます。群れから離れ、大自然の中一人で暮らすことで、生きる力を身につけ立派なオスザルになるための武者修行と言われたこともありました。しかし、楽をして生きるのが身上のサルに、つらい修行は考えられません。

また、子孫を未来につなげるうえで妨げになる近親交配を避けるためとの説もあります。ただ、サルが、発情・交尾・妊娠・出産といった一連の繁殖のサイクルを知るはずがありません。たとえうすうす気がついているとしても、まさか近親でのセックスが都合の悪い結果になるなんて、とても理解しているとは思えないのです。とはいっても、オスの群れ離れが、近親交配を避ける結果となっていることは事実です。

オスザルの群れ離れについて、観察の中から探ってみました。子育てに忙しい母ザルのメス仲間との井戸端会議を楽しむような群れ生活に比べ、オスザルの暇をもてあます日々。彼らが、子ザルの世話をしようものなら母ザルに睨まれ、子ザルには恐がられ、次第次第に群れの周辺に追いやられていきます。すると、そこには同じ境遇のオスもいて、共感を得られる場でもあるのです。群れ仲間のことが気になるのですが、少し距離を置くことも案外悪くはないと思っているのかもしれません。やがて、群れへの執着が薄れてゆき、その姿を消していくのです。

集団の中での自分の立場や位置、オスザルは意外とそんなことを気にしているのかもしれません。ただ、ニホンザルのすべてのオスが例外なくハナレザルになることを考えると、群れ離れの原因は、もっと本質的で避けることのできないオスザルの生き方にあるように思えてくるのです。

妻の口うるさい小言に耳を押さえ、時には家庭内で自分の居場所がなくなる私には、オスザルの生き方がうらやましくさえ映ることもあります。ハナレザルの印象を、孤独で寂しいとするか、それとも自由で気ままと見るかは、観察者の人生観によって決まるのではないでしょうか。

## 気ままな遊動

ニホンザルの暮らしを知るもう一つのキーワードが「遊動」です。サルが食べ物を求め、一定の地域を群れで渡り歩くことですが、単純に移動というのではなく、遊動とするところがミソ。

**【遊ぶ】**には、「①好きなことをして楽しむ。②有意義な働きをしない状態にある。③ある土地に行ってそこの風景などを楽しむ。④学ぶ。」といった意味があります。ふつうは、①の好きなことをして楽しみながらの移動と思われがちですが、むしろ私は、③のある土地に行ってそこの風景を楽しむ、こちらのほうがサルには合っているように思うのです。それに、②と④の要素も含まれ、遊びながらの移動、つまり「遊動」はサルの暮らしを表現するにはぴったりな用語です。

ホオノキの白い大きな蕾。甘い芳香があたり一面に漂う日も近い。

すたこらさっさと尾根を越え、谷を渡り歩くサルの群れ。一頭のサルが食べ物を求め移動したとすると、ぼくも、私もと、そのサルについて行き、そのうち何となく群れの全体が動き出すのです。休むときも同じで、誰かが休みたくなり動きを止めると、何となく他のサルも休み、二頭三頭と寄り添います。ただ、群れの全員がすべて同じ行動をとるのではありません。遊んでいるサルもいれば、採食をするサルもいるのです。自由気ままな生き方のニホンザルですが、誰かが何かをすると、同じことをしたがる性質を持ち、絶えず仲間の様子を気にする動物で、この性質が遊動の根底にあるのです。

たった九頭のサルから成るＡ87群が、脇野沢村の海岸線の狭い地域に暮らしていました。一年間、この群れに密着して観察した結果、遊動の先頭がオスザルの時もあれば、メスザルであったり、時には子ザルが道案内をすることもありました。その日その日で先頭を行くサルが違っていたのです。リーダーとかボスと呼ばれるオスザルが群れを先導し、統率すると、以前から言われていましたが、実はそうではなかったのです。

遊動するサルの群れの先頭を確認する作業は、困難で限りなく不可能なことです。緑あふれる森は見通しが悪く、どのサルが先頭なのかわかりません。自分がサルの群れの中心に位置しているのか、周辺にいるのかすらわからなくなるほどですから。ただ、この九頭は私には馴染みの群れで、それぞれのサルに名前を付けていました。

1頭のサルが歩き始めると、2頭3頭とその後をついて行き、やがて群れ全体が動き出す。

ここにいるのがブリとサツキ、木の上にはクルミ親子、後ろでレスリングをするのがゴーとフータ、コブリの顔が後ろの茂みの中に見える。ははぁ〜ん、先頭を行っているおとなのメスはサクラだな。あっ、サクラに走り寄ったのがイシダイか、と、まぁこんなふうに、まるで点呼を取るように観察した結果から判断できたのです。

もう一つ体感したことがあります。一カ月二カ月とサルの遊動に加わると、群れの行き先が読めるようになります。早朝からの動きで、この方向に行くのならきっとあの森のあのイタヤカエデに着くなとか、今日は風が強いから沢底を移動するなど、勘が当たるようになるのです。ただ、的中率は五〇％ぐらい、もう少し高くなれば私もサルになれるのかもしれません。私ですら、行き先のおおよその見当がつくのですから、年がら年中群れ仲間と一緒に暮らすサルのことです、その日の行き先などすべてお見通しなのでしょう。

四季折々の山の幸のありかをすべて知っているサルたち。食べ物がふんだんにある森が、山慣れた彼らの遊動と深くかかわることは想像がつくでしょう。しかし、遊動の距離や方向は食べ物だけで決まるものではありません。気象状況も影響するのです。特に、冬。西高東低の気圧配置が強まり、気温が氷点下に下がる真冬日、サルの群れは強烈な北風を避け、静かな谷間に身を寄せ合います。一日の移動の距離が五〇メートル以下、時には全く移動しないこともあるのです。降り積もる雪よりも、強烈な風がサルを苦しめているのです。

ただし、厳しいばかりが北国の冬ではありません。眩しいほどの冬の光を浴び、何と六キロメートルもの距離を移動したこともありました。

〈ンゴッ、ンゴッ、ンゴッ〉その日、西陽が冬枯れの山の端に近づくころ、低くうなるような

遊動中、林道に出てきたメギ親子。まだ自力で歩けないベビーは、母ザルの背中にしがみついていた。

春生まれたベビーも、冬にはもう一人で歩くことができる。母ザルの後を子ザルが追う。母についていくことが、生き延びることなのだ。

鳴き声を合図に、サルの動きに変化が現れました。ヤマグワの樹皮を食べていたサルたちは、山の斜面を登り尾根を越え谷を渡り、鳴き合いながら一気に長い距離を移動したのです。不思議な動きです。ふつう、冬季の移動は、いくぶん暖かな日中が主で、こんな夕方には動かないものです。

この移動の謎が翌日解けました。夜半に天候が急変し、早朝から大荒れの暴風雪となったのです。サルが食べていたヤマグワは、強風にあおられ倒れんばかり。冬の嵐を事前に察知し、安全な場所に非難するサルの計り知れない能力に、北国下北の地で何千年もの刻を生き続けてきた証しが見えました。

## サルたちの地図

早朝から夕方までサルの群れを追うこと一五年。年がら年中というわけにはいきませんが、できる限り彼らの暮らしに加わりました。その結果、下北半島南西部脇野沢村の山々のあらゆる場所に分け入っていたのです。

秋も深まると、あの谷の沢の曲がり際の、あの倒木にナメコがびっしりつくとか、この尾根を登ると北海道や津軽半島が一望できる岩場があるとか、この小路を行くよりも、あの谷筋を下ったほうがより早く海岸に出られるとか、サルに連れられ、いつの間にか北国の険しい地形を知り尽くす結果となっていたのです。ただ、サルの群れを追い続けることは、いつもいつもそう簡単なことではありませんでした。

昨日まで続いた吹雪がまるでうそのよう、澄みきった冬の青空の下、アオダモの樹皮を食べていたA87群の九頭のサルたちがいっせいに動き始めました。斜面を登り尾根を越え、雪面を駆けて行きます。昨日までの縮こまった動きとは一転、はしゃぐように雪を跳ね上げ、尾根上を西へ西へと走っています。途中、子ザルどうしがレスリングをしたり、まるで遠足気分、ルンルンとしたサルの気持ちが後ろ姿からも伝わってきます。

が、突然私にある不安がよぎりました。

「えぇ、ウソォー。このまま西へ行けば海岸に降りるじゃないか」海岸・絶壁と、頭の中にくっきりと残るこの二文字が、サルと同じスピードだった私の足取りを鈍らせました。

タマキビ。この他カサガイなど、海辺の岩に付着する貝はサルたちの冬の珍味だ。

冬場、サルが海岸へ降りることは何も珍しいことではありません。樹木の皮や冬芽ばかりを食べているサルにとって、時には貝や海藻、それにミカンやリンゴといった思わぬ漂着物のある海岸線は、とっておきの場所なのかもしれません。北西風が吹き荒れ、波の高い日には決して海岸へは降りませんが、今日のような好天の凪《なぎ》に潮干狩りと洒落込むのです。

私の不安などおかまいなしに、サルは西へ西へと急な斜面を下っています。サルとの距離が開き始めた私ですが、まだ後ろに若者ザル二頭が残っていることを知っていました。それに、彼らの重なり合う足跡で、雪面が掘れ、通り道が一本の線となって残っています。

「見失うことはないけれど、まったくぅ！」覚悟を決め、ゆっくりと彼らの後を追いました。平館海峡の光る海面を見下ろす岩場までどうにかこうにかたどり着いた瞬間、愕然としたのです。

「何っ、ここを降りるの?」サルたちの足跡が、岩場から垂直に落ちる断崖絶壁を真下に向かって消えていたのです。今朝からのサルの動きで、彼らが西海岸へ降りるのは確実です。サルと同じルートでは、命がいくつあっても足りません。海岸へ降りる別のルートを探し、ようやく雪の吹きだまる小さな沢を降りることにしました。カメラの三脚を杖がわりにして、一歩ずつ足場を確かめ慎重に下ります。

もうすぐ雪に覆われた磯にたどり着けると思ったとき、私に次なる不安がわき起こりました。「ところで一体、奴らはどこへ行くのだろう。北上?　それとも南下?」

サルの今後の動向によっては、私にもそれなりの考えがありました。今降りている小さな沢を見上げ、「このルートなら登れる」とし、帰り道が登りやすいように、できるだけ雪面を崩さずに降りたのです。しかし、冷静に考えると、海岸へ降りたサルが同じルートを引き返すことは、ほとんどありません。サルは移動の際できるだけ違ったルートを選ぶからです。

案の定、サルの群れは西海岸の波打ち際を北上していました。ようやく磯に降りた私は群れの後を追おうと、海岸線に張り出す大きな岩を回り込みました。その瞬間、「がぁ～ん、本当かよぉ、行けないじゃないの」

何と、大きくえぐられた海岸線には、人一人通れる余裕もなかったのです。海面とそこから起立する岩とが、行く手を塞いでいたのです。

海岸線を右往左往しながら何とかしてこの難所を克服しようとする反面、「たとえ、ここをうまく通れたとしても、その先どうなっているのか、それに無理をすると無事に帰れないかもしれない」私の心の中で、海岸を意識して以来ずっと潜んでいた弱気の虫が、ここぞとばかりに騒ぎ出

「おっちゃん、ここまで来れないの？」サルが難なく降りた断崖絶壁を見下ろしたとき、そんな声が聞こえてきた。

しました。サルの後を追う気力よりも、追跡を断念する消極的な気持ちに傾き始めていたのです。私は白い磯に立ち尽くし、「仕方がないじゃないか、どうしようもないじゃないか」を反復し、あきらめの言い訳を繕っていたのです。にくにくしい海面が、冬の光を受けキラキラと輝いていました。

「おっちゃん、どうしたの、こっちに来れないの」とか「そこまでが、精一杯？」サルたちの得意げな声。「おっちゃん、たいしたことないね」とけなすサル。まさかまさか、サルがこんなことを言ったり思ったりしないでしょうが。

弱腰になった自分の不甲斐なさや悔しさから、こんないらぬ詮索までしてしまいます。計り知れないサルの心情ですが、ついつい余計なことまで憶測してしまうのです。

サルの遊動に加わるとき、海岸線だけが辛いのではありません。初夏、人の背丈以上に茂ったチシマザサの薮こぎにも閉口します。ムッとしたササの匂いの中、視界がきかず、方向感覚も現在位置もわからなく

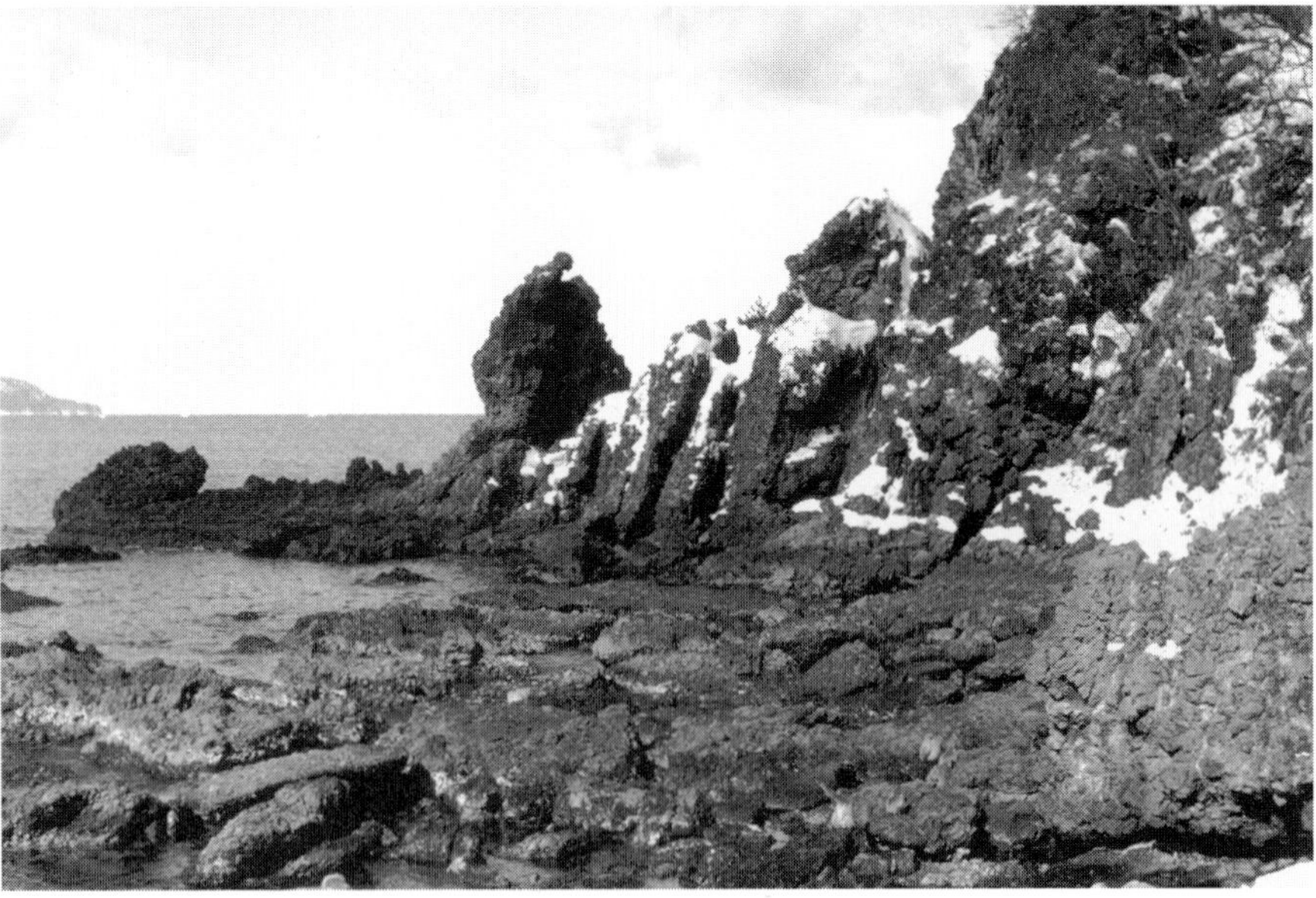

起伏に富んだ地形の山々も、難所続きの海岸線も、サルにはへっちゃら。ただ、彼らについて歩く私は、決死の覚悟がいることもしばしば。

なり、サルの鳴き声とササの揺れる音だけが頼りとなります。

もしも、このササの海原で迷うと、遭難という最悪な結果になりかねません。チシマザサの群落は、下北半島では標高の高い山奥の主尾根上に分布しているからです。事実、毎年チシマザサの筍採りで何人もの人が遭難し、中には命を落とす人もいるのです。海岸線や藪こぎと、私にとっての難所を移動ルートに選ぶサルたちは、私が困ることを見越し、あえて意地悪をするようにも思えてきます。私の力量を知っているのか、それとも試しているのか、と疑心暗鬼になってしまうほど。サルと人との間に立ちはだかる高くて厚い壁を感じるのです。

群れの一日の遊動を線で地図に落とすとき、底知れぬ充実感が漂います。そして、一日また一日と遊動ルートの記入が増え、地図の線がうごめくように見え始めると、そこからサルの暮らしの一端を覗くことができます。生活の場が季節ごとに違っているとか、移動の際よく通行するいわばメインストリートがあるとか、積雪期の移動が極端に短いとか、磁石を持たないサルなのに起伏に富んだ山々を一直線に進むとか、一本一本の線を辿ることで過ぎ去ったその日その日が舞い戻り、サルたちの動きまでもが鮮明に蘇ってきます。

書き込まれた線の外周を結べば、遊動の範囲すなわち遊動域が浮かび上がってきます。広い、狭い、重複、包含と、それぞれの群れのそれぞれの今を物語る遊動域。そして、地図上に各群れごとの遊動ルート図が集積されると、そこにはまさにサルたちの村が出現するのです。地図のないサルの暮らしですが、重なりもつれ合った彼らの軌跡を辿っていると、サルにもサルなりの、サルたちの地図があるように思えてくるのです。

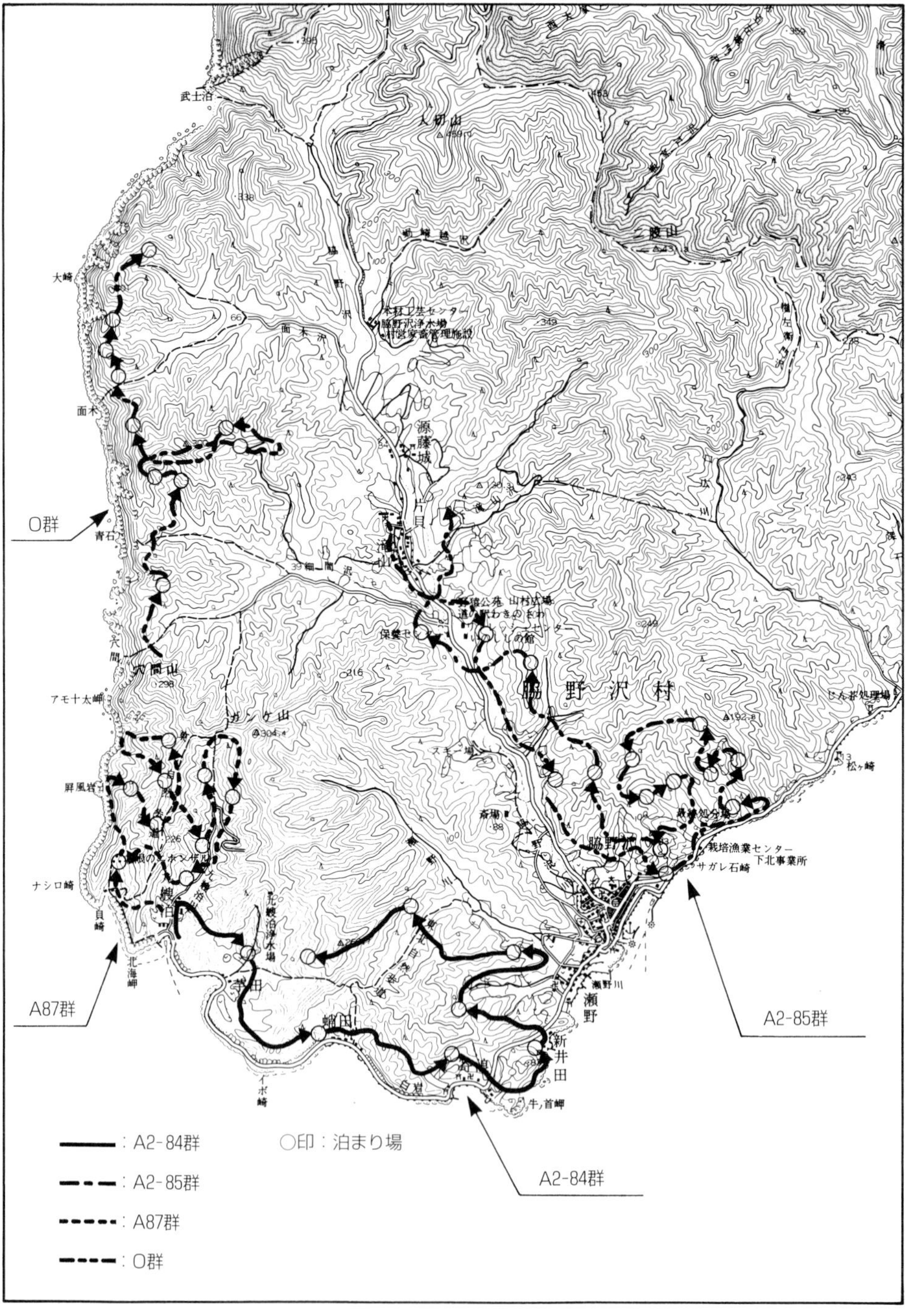

O群
A87群
A2-84群
A2-85群
：A2-84群
：A2-85群
：A87群
：O群
○印：泊まり場
脇野沢村
源藤城

群れの遊動ルート

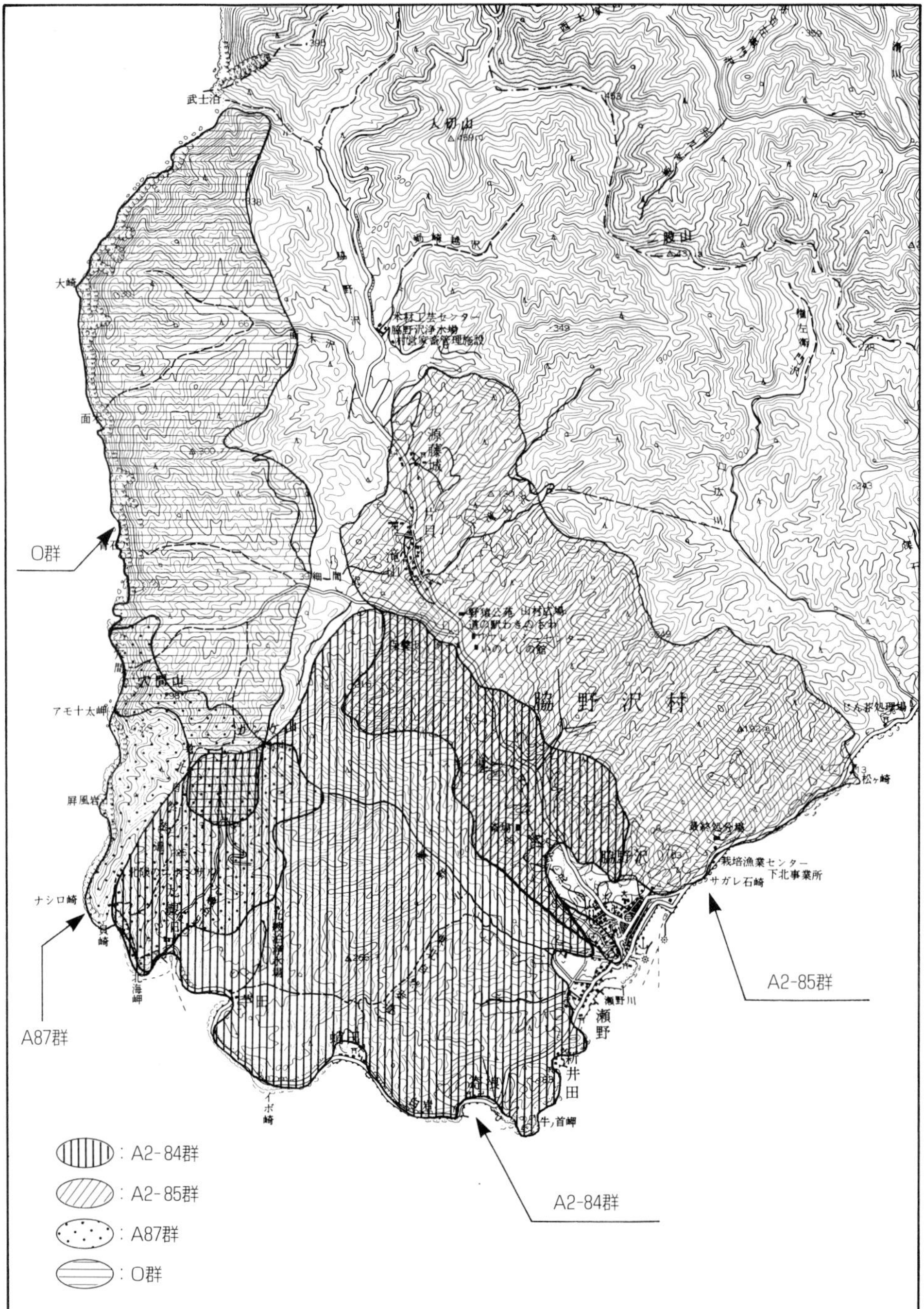


遊動ルートから浮かび上がってきた遊動域

COLUMN

## サブグルーピング

仲間と一緒に群れで生活するサルですが、群れの仲間から離れ、別行動をとることがあります。一時的なもので何日かすれば再び群れに合流し、元の状態に戻りますが、このような短期間の分派行動をサブグルーピングと呼んでいます。群れ全体の半数近くが別行動をとることもあれば、ほんの数頭だけが離れる場合もあります。いつも決まった者どうしで離れるというわけではありません。ただ、親子など、血縁で結ばれる者が行動を共にする傾向が見られます。

毎日毎日サルの群れに同行していますが、サブグルーピングに気がつくことはまれなことです。山々は起伏に富み、樹木も茂り見通しが悪く、サルの群れの全体はとても見極めることはできません。個体識別をして1頭1頭を点呼をとるように確認しますが、たとえそのとき未確認でも、群れの周辺の目の届かないところにいるだけで、サブグルーピングをしているとは思わないからです。

下北半島南西域、脇野沢村の民家周辺の3群を15年近く観察してきましたが、A2-84群で3回、A2-85群で2回、サブグルーピングを確認しました。A87群にいたっては、1回も分派行動はありません。

このように、南西域では大変珍しいサブグルーピングですが、下北半島北西域のサルの群れでは頻繁に見られます。特に、Z-2群、M-1群、I-3群のように、個体数が80頭近くの大所帯になると、度々見られるのです。

サブグルーピングは、群れの個体数と深くかかわり、群れの分裂の前兆ともいえるのかもしれません。

# 第3章　サルもさるもの

## 森は楽しいレストラン

いつ、どこで、何を、どのくらい食べるのか？　サルの食べ物を調べることは、彼らの暮らしを知るうえで大きな手掛かりとなります。食べ物を探し求め渡り歩く遊動に深く関係していますし、食生活は健康の維持、そして出産の安定化と群れの個体数にも影響してきます。また、人とサルとの共存を進めるうえで、野生で暮らすサルの生活を教えてくれる重要な情報ともいえるのです。

季節の変化に富む日本列島。南国の照葉樹林から北国の落葉広葉樹林まで、生活の場となる森の様子は違っていても、ニホンザルはそれぞれの地方の森で、それぞれの森の恵みを得ています。ひと口にサルの食べ物といっても、実際には多くの種類のものがあり、食べる部分もさまざまです。植物の葉・蕾《つぼみ》・花・果実・種子・茎・枝・樹皮・冬芽・地下茎、シダやキノコ、それに貝や海藻。このほか、昆虫、クモ、カタツムリ、カエルの卵や鳥の卵まで食べます。時には、土や雪も口に入れました。ただ、何も特別なものばかりを食べているのではありません。ササやクズ、それにシロツメクサなど、どこにでもある一般的な植物がサルの食を支えているのです（二〇六～二〇七ページの付録2「下北南西域のサルの食べ物リスト」参照）。

食べ方は、大まかに二通りに分けられます。移動の途中、目につくものをヒョイヒョイと口に運ぶ〝つまみ食い〟のタイプ。フキノトウやキバナイカリソウの花、イナゴ、チシマザサの脇芽、それにエビガライチゴの実などがこれに含まれます。このエビガライチゴの実は、甘酸っぱくて私も大好物、サルに負けまいとついつい手が伸び、やめられない止まらないの状態になってしまいます。注意をしていても、まばらにある刺で指先を傷つけますが、夏の逸品で山歩きの楽しみの一つです。

オスの若者ザルが、紅色に完熟したエビガライチゴの粒だけを食べに食べ、紅色が口元に残り、まるで紅をさしたような顔になり、ひょっこりと立ち上がった姿を見て、私は笑ってしまいました。「まあ、お奇麗なこと」、思わずこんな言葉をかけたくなったほど。

もう一つは、特定の場所でじっくりと味わう〝居座り〟のタイプ。春のイタヤカエデやオヒョウの柔らかな若葉、初夏のハリエンジュの白い花、紅葉の森でサルナシやヤマブドウの熟した実、厳冬期のヤマグワの冬芽や樹皮と、季節ごとの好物をサルが見逃すはずがありません。一週間近くもその場に留まり、食べ尽くすこともあります。もちろん、食べられる樹木のほうは、たまったものではありません。枝は折られ、樹皮は剥がされ、無残な姿をさらし、度重なるサルの食圧で枯れることだってあるくらいです。

サルの大好物エビガライチゴの紅色の果実（上）、イタヤカエデの若葉と花（中）。時にはカルガモの卵（下）を頂戴することも。

ガリッ。サルが齧ったオオイタドリの茎には百発百中の確率でイモ虫がいる。それを器用につまみ出して食べる。

また、下北の山々にくまなく分布するイタヤカエデ。私にはどれもこれも同じに見えますが、サルにはこだわりがあるようです。毎年、限られたイタヤカエデに集中するのです。土壌、日照時間、樹齢などで、イタヤカエデの葉に含まれる甘みや香りが、微妙に違うのかもしれません。もしそうだとしたら、サルは好みのイタヤカエデを選び、味を楽しむ傾向があるように思えてきます。私たち人にも通い慣れたひいきの店があるように、サルにも行きつけの場所があるのです。

それに、春のみずみずしいイタヤカエデの若葉を食べていても、いつまでも葉ばかりを食べるわけではありません。ごわごわと硬くなってくる初夏には、もう見向きもしなくなります。葉も花も実も、一番おいしい時期、つまり食べ頃を知っているのです。サルは、季節の旬を食べ歩くグルメといえるでしょう。

サルの採食風景を観察していて、思わぬ発見をしました。

初夏、下北半島の里山には、人の背丈以上にもな

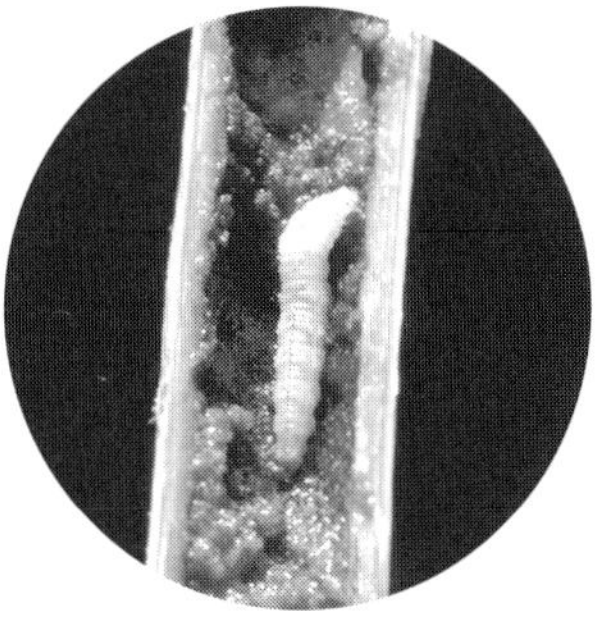
オオイタドリの茎の中のイモ虫の正体はメイガの幼虫だった。

るオオイタドリが生い茂り、夏をいっそう暑く感じさせます。このオオイタドリの群落にサルが入り込むと、彼らの姿は全く見えません。それでも、長卵形の大きな葉がバサバサと揺れ、かろうじてサルの数と位置がわかるぐらい。

ガリッ、ポキッと聞こえる音から、てっきり茎を食べているものとばかり思っていました。ところが、乱立するオオイタドリの隙間から私が見たものは、サルが口で割った茎から〝何か〟をつまみ、それを食べる姿でした。

「何だ、何を食べているのだ？」よくよく見入ると、その何かが二センチぐらいのクリーム色をしたイモ虫だとわかりました。それにしても、多数のオオイタドリの茎の数ある節の中から、イモ虫が入っている節を間違いなく齧っています。そこで、近くの茎を注視すると、「ななっ、何と！」黄緑色の節に一ミリほどの針で刺したような跡があったのです。その節を割ると、いました、いましたイモ虫が。この針跡の秘密を知ってから、私も百発百中の成功率でイモ虫捕りの名人になりました。サルはこの小さな小さな針穴の意味を十分に理解していたのです。

「サルもなかなかやるじゃん」ますますサルのことが好きになった夏でした。

イモ虫がメイガの仲間の幼虫であることを知ったのは、つい先日です。長い間、正式な名前がわかりませんでしたが、林業試験場に問い合わせ、ようやく正体がつかめたのです。

完熟した赤い実や黒い実、はちきれそうな丸々とした実、それに甘い香りの実と、美味しそうな山の幸にあふれる紅葉の森。サルにとっての秋の始まりはクリ、その後ヤマナシ、ヤマブドウ、

秋は、色も味もとりどりの実りの季節。
上から、ヤマナシ、サルナシ、クリ、そしてノブドウの実。

マタタビ、サルナシ、ムラサキシキブ、マツブサと続きます。

初冬に入り、冬枯れの森でサルトリイバラ、ツルウメモドキ、ガマズミとサルの食は赤い実へと変わっていきます。次から次へと目に入る色とりどりの実。樹木はいっせいに実を結び、いっせいに実を落とすのではないのです。ゆるやかに流れる時の中で、刻々と変化する山の恵み。何と、自然はうまくできているのでしょう。サルのいのちは豊饒の森に抱かれているのです。

## 体重測定

下北のサルの体重測定を行いました。一九九三年の八月から一九九六年の七月までの三年間、当時二八頭だったA２-85群が対象です。大きな身体で重い体重の下北のサル、なるほど、見た目にもがっちりと大きく見えます。そこで、どのくらい重いのか、年齢別ではどうなのか、一年間に体重がどう変動するのかを実際に測定し、立派な体格の証拠を残したかったのです。

サルがある場所を通過すると、たちまちセンサーが働き、体重がデジタル表記、といった優れものの装置などありません。近い将来、こんな便利な測定器が開発されるかもしれませんが、私のとった測定方法は、最もシンプルで機動性のある台秤、一目盛りが五〇グラムで測定範囲が一〜二〇キログラム用を使用しました。カメラの入ったリュックを背負い、片手に三脚を持ち、もう一方の手で台秤を抱えるといったいで立ち。「何なの、おっちゃん、何をするつもり」こんなサルのけげんな声が聞こえてきそうでした。

体重は食べ物と深く関わっています。サル山公園など餌づけ群の体重の記録はありますが、野生群の経時的な体重の測定例は未だにないと聞きます。ただ、下北O群のように人を見て逃げ去る野生群では、群れの確認だけで精一杯、体重が測れる状況ではありません。そこで、人慣れしていて、なおかつ自然の食べ物を採食する群れとして、A2-85群に白羽の矢が立ちました。

A2-85群は、夏から秋にかけて、まだまだ農作物に依存する生活をしていましたが、体重測定の期間中の一九九四年から脇野沢村の広い範囲で電気柵が張りめぐらされ、一九九五年には畑への依存度もかなり低くなり、自然のものを食べるようになっていたのです。餌づけでもなく、農作物ばかりを食べているわけでもなく、自然の食べ物を採食する野生のサルの体重を測定するには好都合でした。

測定期間中の気象状況は、年によってだいぶ違いがありました。測定を始めた一九九三年は冷夏で、下北地方の米の作況指数がゼロとなった大凶作、日本がアメリカやタイから米を輸入した

老婆ウメの体重測定には手を焼いた。「もういいよ」といっても、いつまでも台の上に居座ったからだ。

年で、秋の実りも最悪でした。

翌年の一九九四年は同じ地方の同じ時期かと思えるほどの猛暑で、各地の気象台が何十年ぶりに最高気温の記録を塗り替えるほどの暑い暑い夏でした。もちろん、秋の実りも大豊作で、サルばかりでなく私も、たわわに実った山の幸に嬉しくなったほどです。そして一九九五年、九六年の二年間は、夏、秋共に平年並みの気象状況でした。測定期間中三回の冬を過ごしましたが、いずれも暖冬で、さほど厳しい冬ではありませんでした。

測定にあたり、心掛けたことがあります。少しでも正確な体重を求めるために、雨や雪の降らない日を測定日とし、毎月月末の一週間を測定の週と定めました。測定の間隔を、なるべく一定にしたかったからです。また、A2-85群二八頭のすべての体重を測定したのではありませんし、どのサルでもいいというわけでもありませんでした。名前のついた年齢のわかっているサルに限り測定したのです。

いつも同じサルの体重測定がポイントです。一〇歳のイトウ、一二歳ぐらいの周辺ザルのジンベイ、二〇歳ぐらいのブリの三頭のおとなオス。二五歳以上の老猿ウメ、一五歳ぐらいのハギの二頭のおとなメス。四歳のムギ、六歳のウルシの二頭のメスの若者ザル。一歳オスのコイタロウ、二歳オスのモモタロウとメスのアンズ、三歳オスのハヤの四頭の子ザル。この合計一一頭で、世代もオスとメスの割合も均等に揃え、計画的に量りました。

しかし、すべてがうまくいったわけではありません。周辺ザルのジンベイは二回測定しただけで行方不明、ブリも一年間の測定記録を残し死亡、測定開始時に三歳だったハヤは五歳の初冬に群れを離れ、結局三頭のオスザルが測定不能となりました。メスでは死亡や行方不明のサルはいませんが、測定期間の三年間で四頭のメスザルが出産をしました。最終的にジンベイとブリのオス二頭の記録は参考資料としましたが、A2-85群の個体識別をしている九頭のサルの三年間の体重が測定できたのです。

その結果、次のことがわかりました。

①オスザルの体重の最高値は、一三歳イトウの一九九六年六月二九日に測定した一五・〇〇キログラム。メスザルでは一五歳以上のハギの一九九五年一二月二〇日に記録した一一・七〇キログラムでした。おとなオスの体重は、一三～一五キログラム、メスでは九～一三キログラムです。二五歳以上のウメは一〇キログラムを超すことはまれで、八～九キログラム台と、高年齢になるに伴い体重も減少することがわかりました。

②出産直後（観察から三週間以内）のベビーの体重は六五〇グラム、一カ月後が一一五〇グラム、二カ月後に一二五〇グラム、一年後（一歳）には二四五〇グラムまで成長します。出産後

一カ月までに体重が著しく増加するのが特徴です。

③年間の体重の変動は、初冬の一二月に体重が一番重くなり、冬場徐々に減少し、早春の三、四月に底を打つ。そして、初夏の六月に一度回復し、盛夏の七、八月に再び体重は減少、その後徐々に増加し一年が過ぎていきます。晩秋から初冬にかけての体重が最大となり、厳しい冬をその蓄えで過ごすという一般的な身体の変化は、サルの世界にも当てはまりますが、その後、夏にもう一度減少する、いわば〝夏やせ〟の時期がサルにはあるのです。そして、この傾向は、測定したすべてのサルに例外なく見られました。

④冬の体重の減少は、四カ月間の長期間に徐々に減っていき、一番重い初冬の体重の二割減まで落ち込む。例えば体重一〇キログラムのサルならば、八キログラムに体重が減少するのです。一方、夏の体重の減少は、六月から七月の一カ月間の短期間に急激に減少し、一度回復した体重の一割減となるのです。この減少の割合は、多少の個体差があり、若干の幅がありますが、年齢に関係なく各世代に見られます。若いサルでも体重が軽いなりに二割減、一割減となるのです。北国の森に生きるサルにとって、何も酷寒の冬の暮らしだけが厳しいのではなく、夏の暑さも十分に苛酷であることが、体重の変化から読み取れました。

⑤オスもメスも、成長を裏付ける体重の増加は一〇歳ぐらいまでで、その後の体重の増減は年間の変動の範囲で、体重は横ばいとなります。そして、高年齢になるに従い、少しずつ減少していきます。

⑥冷夏・猛暑といった夏の両極端な気象状況も、秋の実りが豊作・凶作ということも、サルの体重には何ら影響が見られませんでした。つまり、大豊作であっても大凶作であっても、秋に

なるとサルの体重は増加するのです。

サルにも夏やせがあること、気象や山の実りに関係なく秋になればサルの体重が増えること、この二点が私にとって三年間の体重測定の最大の成果です。群れの中で堂々と振る舞い、見た目にも立派なオスの体重が、意外にも軽かった記録があります。精一杯自分の姿を大きく見せていたのでしょう。体重や体型で悩むサルはいないでしょうが、自分を少しでも立派で格好よく見せようとするオスザルの気持ちは、私には十分に理解できます。

あたり一面の雪原で、サルの通り道に台秤を置くと、移動の途中でヒョイと乗ってくれます。冬場は労せずに測定できますが、老婆ウメには参りました。台秤の上で何分も休憩し、オシッコまでしていったのです。また、振れる針に興味津々なのが子ザル、二頭連れだって来て、秤の台に乗りバネの揺れを楽しむ姿は、まるで遊び感覚、あげくの果てに針をつかもうとして台秤をひっくり返したこともありました。三年もの間、かなりのエネルギーを費やした体重測定でしたが、それはそれなりに楽しいことでもありました。

食べても食べても、冬にはやせてしまう。

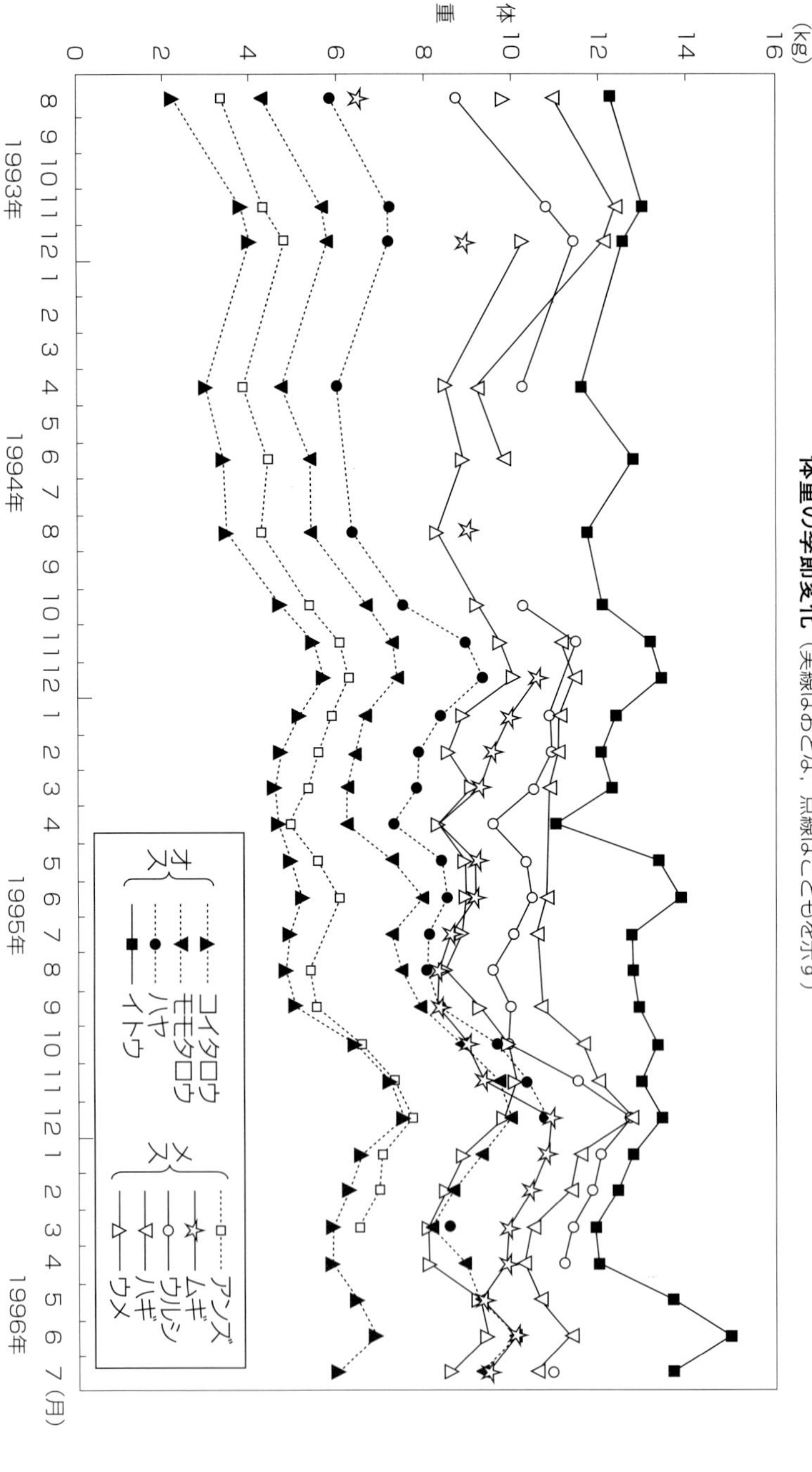


**体重の季節変化**（実線はおとな，点線はこどもを示す）

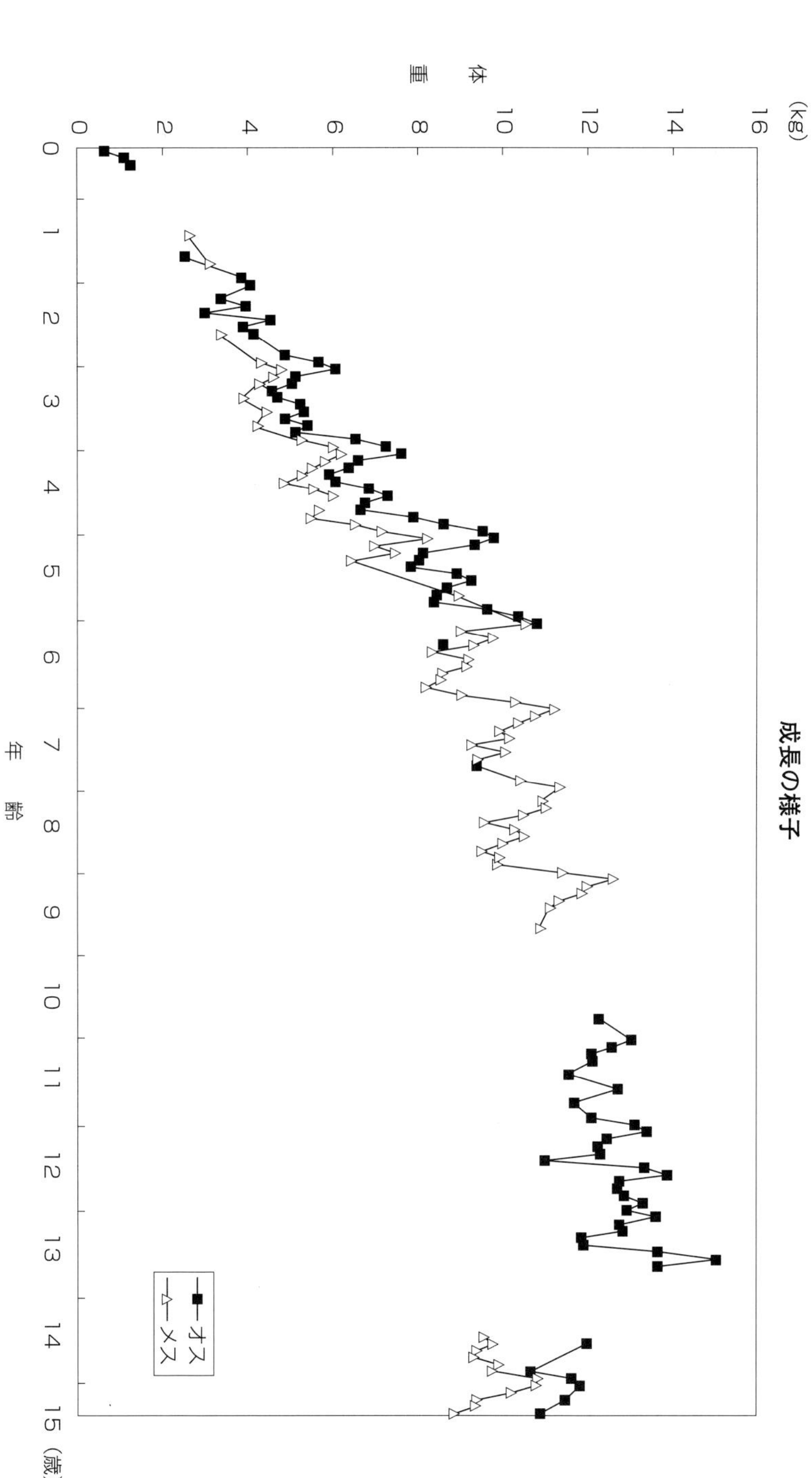
成長の様子
(kg)
体重
年齢
(歳)
オス
メス
0
2
4
6
8
10
12
14
16
0
1
2
3
4
5
6
7
8
9
10
11
12
13
14
15

## 〈クウ〉とサルが鳴くとき

ニホンザルは、一体何と鳴くのでしょう？　この問いに、〈キャッ、キャッ〉とか〈キィー、キィー〉と答える人が多いはず。でもこの鳴き声はサルの悲鳴なのです。檻《おり》に閉じ込められたり、人から制裁を受けたりすると、サルはひきつった顔になり浅ましい声で、こう鳴きます。

イヌやネコ、それにウシ、ウマ、カラスなど身近な動物では、ごくふつうのもっともな声を鳴き声とする中で、サルだけが悲鳴を鳴き声の代表とするのはふさわしくありません。第一、野生のサルでは滅多に聞かない鳴き声だからです。

ではなぜ、悲鳴が鳴き声になったのでしょう。『人とサルの社会史』（東海大学出版会、一九九九年）の中で三戸幸久氏は、平安時代には〈カッ、カッ、カッ〉だったサルの鳴き声が、鎌倉、室町、そして戦国の世を経て、江戸時代中期には〈キャッ、キャッ〉へと変化していったと述べています。そして、その原因が、猿回しなどの風習が民間に定着し、庶民のサルに関する情報源が人に引き連れられたサルからとなり、悲鳴がサルの代表的な鳴き声になったこと、さらに、野生のサルとは疎遠となり、その声を忘れていったことにあると説いています。単なるサルの鳴き声ですが、時代の変化や、その背景、そして人とサルとのつき合い方の変遷まで読み取ることができるのです。

一二月上旬、初冬の森の沢底でサルナシのしなびた実を食べていたA2-85群が、冬枯れの斜面を登り始めました。〈ンガッ、ンガッ〉つぶやくような低い声で、私の横を通り過ぎるオスザルのゴンズイ。陽はすでに山の端に落ち、薄暗くなっていましたが、私には暗さよりも寒さのほうが身にしみていました。昼すぎに降った雨以降、気温が急激に下がっていたからです。冷たくしっとりとした空気の中、ハギ、ムギ、その子ザルたちが、ミズナラの斜面を登っていきます。〈ウリャー、ウリャー〉先頭のサルが誰なのかはわかりませんが、鳴き声から尾根近くまで移動しているものの、尾根を越えてはいないことがわかります。それに、まだ群れの半数近くは沢底でサルナシを食べています。群れ全体を見通すことは不可能ですが、耳でなら群れの広がりをとらえることができるのです。

〈クゥ、クゥ〉まろやかな声が二度三度斜面上部から聞こえてきました。同じ方向から〈ホォーイ、ホォーィ〉とやわらかな安定した声。この繰り返される鳴き声が、同じサルの声かどうかはわかりませんが、数分前に通り過ぎたハギかムギの声に違いありません。そのとき、〈クゥ、クゥ、クゥ〉明瞭な声が突然聞こえました。サルが近くにいるのです。反射的に目で探すと、すぐ横のヒバの太い枝で二頭のサルが抱き合っていました。よくよく見ると、アンズとアカネ親子の三頭でした。互いに身を寄せ合い、再び〈クゥ、クゥ〉と空を見上げ鳴くアンズ。こころが落ち着いた平和な声です。

サルの鳴き声は、真似はできても、文字で表すとなれば非常に難しいものです。同じ鳴き声を聞いても、人によって聞き取り方に違いがあるからです。鳴き声は本来文字からは伝わりにくいものなのでしょう。

〈ホー、ホー、ホー〉まるで応えるように沢底からも聞こえてきました。見下ろすと、サルナシのつるに、まだオスザルのイトウをはじめ三頭のサルがいます。すでに写真撮影のできる光ではありません。

〈クゥー〉。カズラのまろやかな鳴き声。天を仰ぐ彼女の眼差しの向こうには何があるのだろうか。

〈キュルルルー〉。夕闇に、赤ん坊ザル・モモの脅えた声が響く。夜のしじまが怖いのはサルも人も同じ。

「そろそろだな、今日の泊まり場は」私自身そう思い始めたとき、〈クゥー、クゥー〉と語尾を上げた声。それに続き〈グゥー〉とにごり、〈ホォー、ホォー〉と丸く含みをもった声が重なりました。〈ホォーイ、ホォーイ〉も続きます。近くのサルたちが、一斉に鳴き始めたのです。

同じように聞こえる鳴き声でも、アクセントや抑揚で微妙に違って聞こえてくるのです。この一連の鳴き交わしが、短い間隔で二度三度続きました。周辺のヒバの枝に登ったサルの数も増えてきています。沢底からも、尾根近くからも同じようなやりとりが増え始めました。

「ここだな、泊まり場は」雨で濡れたミズナラの幹にもたれていた私は、今日の観察の終了を確信したのです。

〈キュルルルー、キュルルルー〉薄暗い森のヒバの枝で、一人ぼっちのベビーが口を尖らせ鳴きました。近寄る私と目が合い、再び〈キュルルルー〉。ベビーは、あわてて斜め上の枝にいた母ザルのコナスの胸に飛び込みました。〈グルル、グルル、グルル〉細く短く鳴き、コナスの胸に顔を押し付けます。迫ってくる暗闇が怖いのでしょうか、それとも母ザルへの甘えでしょうか、どちらにしても、夕方によく聞くベビーの鳴き声です。

〈クゥ、クゥ、クゥ〉から軽い〈クウ〉へと鳴き声が変わり、不規則となり、やがて鳴き声は消えてしまいました。静寂に包まれた森に、とても三十数頭のサルがいるとは思えません。むしろ、この静けさは、サルたちの無言の声の集まりのように思えてきます。沈黙はサルにとっても、群れにとっても、きわめて重要なサインだと私は思いたいのです。

## こころを伝える鳴き声

ニホンザルの鳴き声は、実に多種多様です。ただ、私たち人が使う「言葉」を、彼らは持っていません。サルは鳴き声で、その場その場の気分や感情を表現し、仲間に伝えているのです。仲間のサルも、鳴き声を聞き分け、顔の表情やしぐさを読み取り、こころを通わせているのです。日々の観察から聞き慣れたサルの鳴き声を挙げてみましょう。

**〈ゴッ、ゴッ、ゴッ〉**や**〈ガッ、ガッ、ガッ〉**……木の枝を大きく揺すり、山一面に響く木ゆすりの叫び声。また、喧嘩や威嚇といった攻撃するときのせき立てるような吠える声。迫真あるどなり声。

〈ギャー、ギャー〉……切羽詰まった悲鳴に似た絶叫で、いじめられ逃げ惑うときに張り上げる。おとなのメスザルに多く、泣き面で興奮の高さが窺える。

〈ウリャー、ウリャー〉……群れから離れ、不安になったときなど、仲間を呼ぶように。

〈クワン、クワン〉や〈カン、カン〉……突然予期せぬ野犬の出現などに驚く声。また、相手を驚かす声。激しく鋭く、連続して鳴くこともある。

〈クゥ、クゥ〉や〈ウィ、ウィ〉……平穏時思わず漏らす声。まろやかで柔らかな声。採食後やグルーミングのとき、気持ちよさそうに鳴き交わす。こころが落ち着いた平和な鳴き声。サルの代表的な鳴き声には、この声を推したい。

〈ングゥ、ングゥ〉……グルーミングやマウンティングを誘うとき、低く小さな声でささやくように鳴く。

〈ケッ、ケッ〉……軽い防御的な声で不満を表すが、短時間なもの。

〈コッ、コッ、コッ、ウギャー〉……交尾期の発情したメスザルの恋鳴き。身体の中からこみ上げてくるように鳴く。動作にも落ち着きがなく、不安・戸惑いの表情で。

〈キュルルルー、キュルルルー〉……ベビーの母ザルを呼ぶ声。恐れや不安。

〈グルル、グルル〉……ベビーが母ザルの胸に顔をうずめ、甘えるように鳴く。

〈キィー、キィー〉……ベビーが、フラストレーションを起こし、金切り声を上げる。不満からの反抗、いらだち。

三〇種類も四〇種類にも分けられるサルの鳴き声。その声の幅の広さは、サルのこころの深さ

表情の違いに注目！　〈クワン、クワン〉と驚き威嚇するマンボウ（上）。〈ウリャー、ウリャー〉、仲間とはぐれ、不安な表情で泣き叫ぶイシダイ（下）。

の表れなのでしょう。その場の雰囲気や状況、それにサルの気分で、低い声や高い声、太くなったり細くなったり、何度も何度も繰り返したり、と微妙に変化します。また、鳴き声は、何かといえばすぐに怒り、ささいなことにも大げさなニホンザルの性格を見事に現しているのです。

群れの仲間の気分を知り合いながら暮らすのがニホンザル。「言葉」を持たないサルですが、互いにこころを読み取る能力は、「言葉」を使いながらも、互いのこころが通わない私たち人よりも、優れているのかもしれません。

## グルーミング

サルが寄り添い毛づくろいをする姿を見て、サルのノミ取りという人がいます。しかし、下北半島に暮らすサルの身体から、ノミを一匹も見たことがありません。いないノミを取れるはずがなく、毛づくろいをノミ取りとするのは間違いです。

とは言うものの、ふさふさの毛を白い地肌が見えるまでかき分けて、確かに〝何か〟を指でつまみ口に運ぶことは事実です。いつの季節も、毎日、何回も、ペアになりもくもくと丁寧に励む姿は、下北のみならず日本全国のサルに例外なく見られ、ニホンザルの代表的な行動の一つです。また、地球上に生息する霊長類を見ても、ニホンザルが属するマカク属の仲間はいうまでもなく、広く類人猿までに見られる共通のしぐさで、毛づくろいはサルの代表的な行動といえるでしょう。

毛づくろいはグルーミングとも呼び、身体についたゴミや新陳代謝で生じるふけなどの汚れを取り除く行為とみなされてきました。しかし、草の種子が毛に付着しても、泥が毛にこびりつい

「そこっ、そこそこ。あ〜、もうちょっとやさしくやってよ」こんな声が聞こえてきそう。

ても、サルたちは取り除くどころかまるっきり気にしません。それに、ふけや傷のかさぶたなどを取ることもありませんでした。サルは、もっと別のもの、もっと衛生上重要なものを取り除いていたのです。

近年、この〝何か〟の正体が判明しました。サルは、シラミ、それにシラミの卵を取り食べていたのです。この発見は、温泉に入ることで有名な長野県地獄谷のサル研究者の注意深い観察から明らかになりました。実は、私もサルにシラミが寄生することを思わぬ出来事から知ったのです。

一九九八年一一月一〇日、A2-85群の一員のコナスの一歳になるメスの子ザルが、原因不明の歩行困難に陥りました。四肢のうち、動くのは左手だけ、あとの手足は満足に動きません。それに顔の左側に弱い痙攣《けいれん》が見られました。木から落ち、頭や背中を強く打ったのでしょう。母ザルのコナスは、のたうちまわるわが子に戸惑い鳴き叫びましたが、どうにもならず結局、その場に置き去りにしてしまいました。移動も採食もできない子ザルには、死が忍び寄って来ます。私は「怪我さえ治れば」と思い、保護をしたのです。

さっそく小さな身体のすみずみまでをつぶさに調べました。致命的な傷はありませんでしたが、子ザルの豊かな毛並みや清潔な身体には驚きました。私は、この子ザルをナスビと名づけ、一〇日間看病を続けました。死を覚悟したナスビですが、奇跡的にも回復しA2-85群に戻すことができたのです。

この治療中、シラミを見たのです。見たというよりも、わいて出てきたのです。あれほど清潔だった身体に変化が見えたのは、保護から四日目でした。毛をかき分けると一ミリほどの白いシラミ四、五匹が地肌を走り、密集する毛の中に隠れてしまうのです。あごの下、わきの下、側腹部と比較的毛の薄く皮膚の柔らかな部分がシラミの巣で、一〇匹ぐらいはすぐに取れました。「ここよ、ここ」ナスビも気持ちがいいのか、腕を上げグルーミングを催促するようになったほどです。グルーミングを受けなければ、サルの身体には数日でシラミがわくのです。

仲良く寄り添いグルーミングをするサルですが、母―子、おとなメスどうしの間柄が圧倒的に多く、おとなオス―おとなメス、子ザルどうしと続き、おとなオスどうしの関係は少ないことがわかりました。もちろん、群れの構成でおとなメスが多く、おとなオスが少ないことも考慮しなければなりませんが、一般的にグルーミングは血縁関係のある者どうしで行っているのです。おとなメスどうしの場合でも、母と子、姉と妹のことが多く、子ザルどうしでも兄弟姉妹であることが多いことがわかりました。

また、セルフグルーミングといって自分自身で毛づくろいをする場合があります。すべてのサルがこれをしますが、腕をグルーミングする際は、二本の手が自由に使えないため、あごを利用

光り輝くトチノキの掌状複葉の葉

します。かき分けた毛をあごで押さえ、手でシラミを取りやすくするのです。一人のときは、それなりに工夫をするものなのですね。ただ、顔や背中はとても無理、かゆいところに手が届かないのです。

グルーミング風景で思わず笑ってしまう場面がありました。

Ａ２-84群の老猿ツツジが、二歳の子ザルをグルーミングしていました。風通しのいい岩場、木漏れ日のあたる昼下がりのことです。そこへ、〈ンガッ、ンガッ、ンガッ〉小さな声で呟くようにシャチが近寄って来ました。シャチはＡ２-84群のオスの中のオス、群れの誰もが頼りにしている立派なオスです。

〈ケッ、ケッ〉シャチの接近で、グルーミングは中断され、子ザルは不満な声だけを残しその場を離れました。シャチは、ツツジの前でゴロリと寝ころび、仰向けの態勢をとったのです。グルーミングの催促です。私は、当然ツツジとシャチとのグルーミングが始まると信じ、シャッターチャンスを待ちました。

ところがどっこい、ツツジはそんなシャチを無視して子ザルの後を追ったのです。グルーミングを期待していたシャチは、しばらく寝そべっていましたが、思い通りにならなかった腹いせを、ことあろうに私にぶつけてきたのです。〈ゴッ、ゴッ、ゴッ〉いつもは強烈で鋭い威嚇をするシャチですが、このときほどばつの悪い間ぬけ顔はありませんでした。

グルーミングはシラミを除去し食べる昆虫食の一つと判明しましたが、私はこの〝食べる〟ということが少々納得できないのです。もちろん、シラミやその卵を口に入れていますが、ニホン

何度も何度も毛をかき分けて、丁寧にナスをグルーミングするマンボウ。見るからに気持ちよさそう。

ザルぐらいになると、食は味わい楽しむものだと私は考えるからです。まさか、シラミがサルの舌の上で甘い汁を出すようなことはないでしょうし、小さなシラミをたとえ五〇匹食べたとしても食の満足感や満腹感は得られないでしょう。サルがシラミを食べ物の一つと見ているのではなく、清潔な身体を維持するうえで、都合が悪く除去しなければならない嫌な虫と認識しているように私には思えるのです。口に入れるのは、これが一番確実で手っ取り早い除去方法だからではないでしょうか？

グルーミングは、シラミとその卵を除去する目的がありますが、実は他にも重要な効果をサルたちの間にもたらしています。互いに触り触られることに深い意味が隠れていたのです。

私たちは理髪店や美容院で整髪するとき、気持ちがよくなり眠ってしまうことがよくあります。イヌやネコも、頭や顔を手で撫でてやると喜びます。サルも全く同じ。こころが通い合っている者どうしのスキンシップならなおさらです。

それに、グルーミングは受ける側だけが気持ちがよくなるものではないのです。与える側もこころが落ち着くのです。特に、けんかの後やイヌなどの外敵から逃れたとき、緊張し高ぶるこころを静めることに大いに役立っているのです。シラミの除去作業が丁寧でこまやかなしぐさであったことが、サルのこころの調整、こころの癒しに一役買うことにつながっているのです。

寄り添う二頭が、まるで世間話をしながらくつろぐグルーミング。その実態がシラミ取りとわかりましたが、サルの休息、それもこころの休息といってもいいでしょう。

# 第4章　春うらら

# 南風に誘われて

新春とか青春など、春のつく言葉にはどこか元気の出る響きがあります。冬の長い雪国では、春は待ちに待った季節。苦しめられた北西風とは明らかに違う穏やかな南風が、北国下北地方に遅い春を告げます。暗く重い気分をパッと取り除き、私たちをわくわくさせてくれる季節、それが春なのです。

ブナ、ミズナラ、シナノキなどの新芽がふくらみ、色のない山々をうす茶色に染め始めました。このうっすらと萌える風景は、新緑への序曲、蓄えられた森のエネルギーの種火のようです。

山一面の新緑は、ブナの淡い黄緑色に始まり、低い谷間から山頂へと進んでいきます。黄緑、緑、青緑、濃い緑、暗い緑、そして輝く緑と、それぞれの木にそれぞれの緑が競演。緑は〝いのち〟の色なのです。

木の樹皮や冬芽を食べていた冬のサルが、柔らかな若葉やみずみずしい草花に恵まれ、食べ物の量も質も増え、何一つ不自由しない春のサルへと変わっています。去年生まれたベビーも、ようやく一歳になりました。雪を知り、寒さや強風を体験し、初めての冬を乗り切ったことで、少しは自信がついたのでしょう。母ザルから遠く離れ、やはり一歳になったばかりの同級生とはしゃぐ姿は、頼もしい限り。生きている喜びが、コロコロとした身体からも、弾むしぐさからも伝わってきます。

こころも身体も喜び一杯なサルの群れですが、春はさらなる楽しみが待っています。そう、ベビーの誕生、群れに新しい仲間が加わるのです。

フクジュソウ。北国にいち早く春の訪れを告げる。

ブナの芽吹き。この淡い黄緑色から、森の新緑が始まる。

下北南西部に生息するＡ87群とＡ2-85群の二つの群れの一五年間の記録で、今までに合計八〇頭のベビーが誕生しています。内訳は、オスが四四頭、メスが三四頭、死産で性不明が二頭です。ややオスのベビーが生まれる確率が高いことがわかりました。出産の月では、四、五、六月の三カ月間に集中し、中でも五月の出産が全体の五六％と半数以上でした。

通常ニホンザルは一産一仔ですが、Ａ87群のサツキは一九八七年にふたごを出産しました。野生のサルでは珍しく、日本初の記録でした。ふつうメスザルは二年に一度の割合で出産するといわれていますが、下北には四年連続して出産したＡ2-85群のハギや三年連続のＡ87群のクルミもいて、必ずしも出産が隔年とは限りません。また、出産したベビー五頭のすべてがオスだったカズラや、六頭中五頭がメスの子だったコナスと、出産したベビーの性が結果的に偏る傾向も見られました。

妊娠期間は約一七五日、六カ月ぐらいです。出産月は交尾季と関連していますが、何と厳冬の二月に出産をしたこともありました。

一九八八年二月中旬、脇野沢村の陸奥湾に面した海岸線の里山を西へ西へと移動してきた総勢一九頭のＡ2-85群が貝崎沢にたどり着いたのは、私が彼らを追い始めて四日目の夕方でした。貝崎沢は半島南西部の最西端に位置し、もうこれ以上西に陸はなく、あとは断崖絶壁の海岸線が北上するだけの険しい沢です。

ここ二日間、比較的天候も安定し、気温は低めながらも好天が続いていました。ただ、その日になり、吹雪まじりの北西風が強く、再び下北の冬に戻っていたのです。貝崎沢のヒバの森は、北西風の当たらない場所で、すでに暗くなっていたため、この沢底が今日の泊まり場だろうと見当をつけていました。

ふっと見上げたトチノキの枝で、大きな身体のサル二頭がグルーミングをしていました。毛をかき分けているのは老猿ウメで、もう一頭のサルは態勢が悪く顔が見えませんでした。軽い気持ちで、ただ何気なく回り込みウメの相方を見たのです。相手はナスでした。しかし、ただのナスではなかったのです。ナスの胸に黒い塊が見えました。ナスはそれを落とさないように、左手で優しくあてがっていたのです。

「えっ、ベビー？　二月だぜ」目の前の光景が信じられず、私は戸惑いました。ナスは去年ベビーを産んでいませんし、それに大きさや状況から新生児に違いありません。ただ、真冬の二月です。その後、グルーミングは解け、ナスはサルナシの樹皮を食べ始めました。つるを手繰り寄せるナスの胸に、顔をうずめ両手でしがみつくベビーの全身が見えたのです。「あれ、本当に産んでる！」半信半疑だった私も、認めざるを得ませんでした。雪深い二月の出産だったのです。

ニホンザルが春に出産することは、変化に富んだ日本の季節と深く関わっています。春に生まれたベビーは、食べ物に恵まれた母ザルのお乳を十分に吸い、やがてベビー自身も食べ物を覚え、丈夫な身体となって冬を迎えることができます。ところが、秋や冬に生まれると、十分に成長し

雪深い酷寒の２月中旬、誕生したばかりのベビーを、母ザル・ナスはしっかりと胸に抱きしめる。

ないまま厳しい冬と戦わなければなりません。ベビーは、一番辛い時期に母ザルのおなかの中で守られているのです。

この定説をくつがえすことが、今起こっているのです。酷寒の地である下北半島、その真冬の二月のベビーの誕生。夜の寒さは？　母ザルのナスの乳は？　心配の種はつきませんが、私は成り行きを見つめるだけでした。その後メスのベビーとわかり、ユキと名づけました。

三カ月後、群れに二頭のベビーが誕生しましたが、ユキは一回りも二回りも身体が大きく動きも活発で、成長の違いがはっきりと見て取れました。たった一例で結論を出すのは危険ですが、雪に埋もれた真冬の二月の出産でも、サルのベビーは十分に成長することがわかったのです。

成長したユキを今では、タチフジという名前で呼んでいます。少々気の強いところがありますが、今までに三頭のベビーを出産し、女盛りの真っ只中、これからも群れの個体数の増加に貢献するに違いありません。

## 母なるもの

こどもの育児に父親の参加が声高に叫ばれる私たち人間の社会ですが、ニホンザルの暮らしには、出産や育児に父親の協力は一切ありません。オスはいても父親はいないのが、ニホンザルの社会なのです。

大変な子育てをたった一人で奮闘する母ザルですが、では一体、サルは何歳で出産を経験するのでしょうか？

初めての出産を初産といいますが、サルの初産の年齢は五歳です。ここ下北のサルの五歳は、体重が七キログラム前後と身体も小さく、まだまだこども。こどもがこどもを産んだようで、かいがいしく接する姿には戸惑いも見られます。そばで見ている私はハラハラ、ドキドキ、老婆心ながら子育ての手助けをしたくなるほどです。

私たち人の場合、妊娠するとおなかが大きくなるとか、つわりがあるとか、身体に明らかな変化が現れます。サルでは出産直前まではっきりとした外見上の変化は見られません。食べ物の好みの変化やつわりも、見た目にはわからないのです。

秋の交尾季の様子から出産日をあらかじめ予定しますが、いっこうに身体に変化が見られず、「まだまだだな」と油断している間に出産ということが何回もありました。また、どてっと大きなおなかで、いまにも出産を期待できるメスが、いつまで経っても出産せず、結局ただの太っちょだったこともよくあります。本当に妊娠は見かけではわからないものなのです。

それに、サル自身も自分の妊娠に気づいているとは思えません。ただ、人では体の中のベビーが時々妊婦のおなかを蹴るといいます。きっと、サルでも同じことをするでしょう。妊娠を理解できないサルですが、このベビーの呼びかけをきっかけに、母になった実感を初めて知るのではないでしょうか。

一九九六年五月二四日、脇野沢村の瀬野牧場で見た光景は忘れられません。前日まで雨、この日も雨模様のぐずついた天気でした。A2-85群の五歳になったばかりのアンズは、二二日の午後から左腕を負傷し、三本の手足で移動していました。その痛々しい姿から、五歳とはいえ、とても出産など考えてもいませんでした。それに、アンズは二歳から左眼が濁り、失明しているおそれもあったのです。

そんなアンズが出産したのです。しっとりと水分を含んだ雑木林の朝、小さくうずくまるアンズの胸に、黒い小さな毛の塊が見えました。前日の夕方には確認していません、夜か早朝の出産です。それが早朝、それも出産直後であることがわかったのは、赤黒い生々しい胎盤がまだついていたからです。ベビーと胎盤を結ぶ血管がよじれ、朝露で濡れ光っていました。

左手の使えないアンズは、右手でベビーを抱きかかえ、ヒョイと立ち二本足で歩きます。数歩歩くと一休み、また数歩歩くと一休みを繰り返しますが、決して速くはなく、そして遠くまでは行けません。移動の最後尾となりましたが、胎盤を引きずりな

5月上旬、イワソテツの葉が伸び始める。

左眼と左腕が不自由なアンズだが、私の心配をよそに、しっかりと子育てをやり遂げた。

がら、群れに遅れまいと牧場を横断しました。そんなアンズを、母ザルのコナスも群れの仲間の誰一人として、サポートするサルはいませんでした。

胎盤を含む後産を食べることが、動物の通性といわれますが、アンズは食べませんでした。木の根っこで休んでいたアンズが、立ち上がり移動を始めた際、胎盤は取れたのです。それでも発見から三時間近くも引きずっていました。

お母さんの胸にしがみつき、おっぱいをくわえるベビー。母ザルにとっても至福のときに違いない。

その後、アンズとベビーのことが心配で、毎日様子を見に行きました。左腕も三週間で回復し、ベビーも健やかに成長しました。ただでさえ不安な初産が、衝撃的だったにもかかわらず、アンズはたった一人で見事に子育てをやり通したのです。もちろん、今でも親子共、元気に暮らしています。

初産の母ザルには、ある共通点が見られます。それは、異常なくらいベビーの世話をやくことです。胸に抱き、じっと見つめる時間も長くなり、「もう、可愛いくって、可愛いくって、ずっと抱きしめていたい」ってな感じ。初産の母ザルは過保護になるのです。

一方、出産経験のある母ザルは、むしろ放任主義。ベビーの好きなようにさせています。余裕なのでしょうか、サルとはいえ、子育ての方法にも経験の差が出るのです。

〈ケッ、ケッ、キィー、キィー〉ベビーの金切り声の悲鳴を聞き、すばやく反応する母ザル。いち早く飛んできて、ベビーをヒョイと抱き、〈ハァー〉と低くにらみつけます。「私のこどもに、何するの！」目つきも鋭く迫真に満ち、怖いくらい。自分のいのちを捨ててまでも、わが子を守ろうとする母ザルの気迫には、立派な体格のオスザルでさえも、一目置いています。こどもを持った母ザルほど強い者はいないのです。

この時期、こんな光景も見かけました。生後四日目のよちよち歩きのベビーを足元に置き、母ザルが前かがみの姿勢で両手を広げました。そして、ベビーをじっと見つめ、口を尖らせ、もぐもぐと二度三度細かく震わせたのです。「さあ、ここまでおいで」まるでこんな母の語りかけに、ベビーも定まらない足つきで母ザルの胸までたどり着いたのです。

ほんの三〇センチほどの距離、ほんの一〇秒ほどの瞬間でしたが、優しく諭す母ザルのしぐさが印象的で今でも忘れられません。

優しさと強さ、サルの子育てから母なるものが見えました。

## 可愛らしさの秘密

〃可愛い〃という言葉は、すべての生き物のこどもを表現するためにあるようなものです。コロコロとした子イヌ、あくびをすると顔じゅうが口になる子ネコなど、身近な動物の汚れない姿やあどけない動作に、誰もがこころを和ませたことがあるでしょう。

では、〃可愛らしさ〃とは、一体どういうことなのでしょうか？　サルの観察からその秘密を探ってみました。

世界中で一番北に暮らす下北のサルは、五月が出産のピーク。風薫る緑あふれる森に新しい生命が誕生します。出産直後のベビーは、しわくちゃの赤ら顔、ぼんやりとした力のない視線で、まさにサルの子、母ザルの胸にしがみつくだけで、お世辞にも可愛いとはいえません。それに、生々しく濡れた黒っぽい体毛からは、出産の厳しさばかりか、生命の神秘さまでもが伝わります。

ところが、出産後三日も経つと、顔の赤みもとれ、耳もピンと立ち、肌色の整った顔つきに大変身。大きな瞳が丸々と輝き、あどけないしぐさが加わり、可愛いベビーそのものになります。私が見てもそう思うのだから、母ザルにとっては、とてつもなく可愛いに違いありません。胸に抱いて、わが子を見つめる時間が長く長くなります。

出産直後はしわくちゃの赤ら顔（上）。でも、3日もたつと、しっかりした顔つきになる（下）。

恐いもの知らずのベビーは何にでも興味を示す。しばらくの間母ザルは、ベビーから目が離せない。

出産・育児のすべてを一人で見事にやってのける母ザルですが、可愛いわが子を独占できることで救われているのではないでしょうか。そっと抱く姿や、包み込むような優しい眼差しは、母の喜びの表れなのでしょう。子ザルの匂いを嗅ぐ動作にも母ザルのこころの深さが窺えます。

そんな目に入れても痛くないほどのベビーですが、母ザルは食べ物を分け与えません。ベビーは、出産直後から一カ月間は母ザルの乳に依存しますが、初夏の森でヤマツツジの紅色の花の蜜を吸ったり、ベビーなりに食べ物を探すまでに成長します。

ナワシロイチゴの赤い実を、母ザルが食べるそばでじっと見つめるベビー。母ザルの口からこぼれた一片を、手に取り、匂いを嗅ぎ、齧り、口の中へ。ベビーの食べ物のリストに加わりました。食べ物を分配しない母ザルを薄情とするよりも、ベビーが母ザルや群れの仲間の真似をして、食べ物を覚えていく積極性を高く評価してやりたいものです。母ザルが食べ物を教えるのではありません。ベビーが覚えるのです。

小さくて丸々とした身体、柔らかく弾むような感触、たどたどしい動き、そして細く高い鳴き声。これらの条件がベビーの可愛らしさの要素です。そして、このことが不思議な魔力を発揮するのです。

サルに限らず動物は、生まれながらに攻撃性を持っています。相手をちょっと触ってみることに始まり、のしかかったり、追っかけたり、あげくには咬みつき怪我を負わせることまで、攻撃性といっても軽いものから深刻なものまで強弱さまざまですが、この誰のこころにも潜む攻撃性を抑える働きが、可愛らしさにはあるのです。

早春、鈴なりにぶら下がった淡黄色のキブシの花。

見るもの、触るもの、聞こえるもの、あらゆるものに興味を示すサルのベビー。好奇心旺盛で冒険好き、母ザルの元から離れ、遠くへ行きたがります。もちろん母ザルに引き戻されますが、時には母ザルの目を盗んでオスザルに近づくこともあります。そんなときのオスザルの反応には笑ってしまいます。立派な身体で厳つい顔のオスが、よちよちと近づくベビーに戸惑い、逃げ腰で困った表情を見せるのです。ベビーが恐いのではありません、その後ろに控える母ザルの存在が気になるのです。「何とか、しろよ」こんなオスザルの不機嫌な声が聞こえてきそう。ちらっ、ちらっと母ザルに視線を送りますが、ベビーには手出しはしません。

また、二、三歳のサルたちも興味津々。弟または妹の出現を喜ぶようで、ソフトな接し方から、いたわりのこころが伝わってきます。可愛く無邪気なベビーは群れの宝物なのです。

自分たちの幼いベビーへの攻撃が、自らを絶滅へと導くことを、動物は知っているのです。可愛らしさには、いのちを未来へつなげる役割があると言えるでしょう。ただし、サルにとってはサル、ネコにとってはネコというように、同じ仲間でのこと。いくらベビーが可愛いといっても、シカやカモシカのベビーはキツネやイヌに狙われます。可愛らしさなど何の意味も持ちません。

生きていく知恵も力も十分に備わっていないベビーは、母親の手厚い保護のほか、自分自身が持つ可愛らしさという最大の武器で、仲間からの攻撃を防いでいるのです。

## ふたごは育つか——フータとゴーの物語

一九八七年六月一日、私は貝崎沢へ急いでいました。知人から「ふたごのベビーを抱えたメスザルを見たよ」との連絡を受けたからです。「ふたご？　ベビー？」半信半疑なうちにトチノキ、サワグルミ、ヒバの茂る薄暗い貝崎沢にたどり着きました。

いました、いました、ふたごのベビーが。沢沿いに生えるエゾニュウの茎を食べ歩くサルの群れ。その中の一頭のメスザルの背と腹に、ベビー二頭がしがみついていました。母ザルはサツキです。五頭しかいないＡ87群にふたごは誕生していたのです。

メスが二頭のベビーを連れているといって、すぐにふたごと判断するのは危険です。出産を目撃したのならいざしらず、生みの親以外のメスザルが、母親代理となって育児をする、いわゆる

サツキが産んだふたごザル、フータ（右）とゴー（左）。おっぱいも仲良く分け合い、すくすくと育っていた。

養子ザルということも考えられるからです。しかし、A87群の三頭のすべてのメスが出産しています。養子ザルの生みの親に当てはまるサルがいないのです。

また、A87群は、別の群れの接近に、逃げ去り、避けてばかりいたことから、ふたごの親が別の群れにいる可能性も低く、何よりも、二頭のベビーが発育や体格に差がなく、顔つきもよく似ていることで、一卵性双子児と考えるのが自然でした。

ふたごザルの記録は、大分県の高崎山自然動物園で七例があるだけで、野生ザルでは初めてです。

「どちらか片方しか育たないよ」

サル研究者からの思いがけない言葉に耳を疑いました。「えっ、どっちかがダメになるの？」

ふたごザルの成り行きが心配で、連日足を運ぶことになったのです。早速、ふたごの字を二つに分けて、「フータ」と「ゴー」と名づけました。見分け方は、背中につむじがあるほうがゴーです。

フータとゴーは大の仲良し、母ザルの乳を奪い合うこともなく順調に育ちました。移動の姿勢は、サツキの胸に二頭がぶら下がることもありますが、ふだんは背と胸にそれぞれがしがみついていました。そんなころ、サツキの身体にちょっとした変化が現れました。両脇の毛が日に日に抜け落ち、白い地肌が露出してきたのです。二頭のベビーが力強くしがみつくのが原因で、毛が抜けていたのです。

初夏の森で、不思議な光景を目撃しました。精悍な顔つきで立派な体格のオスザルのブリが、こともあろうにフータを胸に抱いていたのです。ブリが子育ての手伝いをしていたのか、それともフータが積極的に近寄ったのか、その真相は不明ですが、オスがベビーを抱く姿を私は初めて見ました。

それにしても、不覚にも都合の悪い場面を見られたような罰の悪い顔をしたブリ。今でも忘れられません。サルに恥じらいなどないでしょうが、面倒見のいいブリの一面を垣間見たのです。

ふたごの行動に異変が現れたのは、秋も深まったころでした。指しゃぶりを始めたのです。フータがサツキからグルーミングを受ける間、ゴーはすぐ横で順番を待っています。駄々をこねることもなく行儀よくしていますが、その時に親指をくわえるのです。もちろん、ゴーだけの行動ではありません、フータも同じです。

サツキの背と胸にそれぞれしがみつくフータとゴー（上）。移動のときなどは、さぞたいへんだったことだろう。おかげでサツキの脇の毛はむしれて抜け、白い地肌が露出してきた（下）。

ヒバの枝で遊ぶフータとゴー。雪の中でも元気、元気。

このあどけないしぐさは、私たち人のこどもにもよく見かけますが、空腹だからではなく、こころが寂しいときの信号と言われています。子育てに奮闘するサツキの姿は頼もしい限りですが、私のこころに不安が広がり始めました。

「やはり、ふたごザルが育つことは無理なのだろうか？」

夏から秋、そして冬へと季節が流れ、フータもゴーも元気いっぱい。同級生のベビー二頭もオスで、四頭のオスのベビーが雪の中を、レスリングや追っかけっこと、遊びに遊びます。時にはケンカもしますが、四頭はちょうどいい遊び友達です。吹雪が襲ってくると、それぞれが母ザルの胸に抱かれます。そんな九頭のサルたちとの夢のような日々が何日も続きました。

北国の厳しい冬を越すという最大の関門も、何なく通りぬけたふたごザル。一年が過ぎ去り、身体も大きく成長し、もう心配ないと安心した初夏、ゴーが行方不明になりました。一九八八年六月二五日のことです。それは何の前触れもなく突然でした。木漏れ日の中、岩場でサツキの隣で寝入る姿が、ゴーの最後の姿となったのです。

あれほど可愛がっていたサツキも大の仲良しだったフータも、それに群れの仲間の誰一人として、行方不明になったゴーを探すことも心配する素振りも見せませんでした。私の観察力が乏しいからかもしれませんが、目の前のサルたちは、いつもと同じで相変わらずの暮らしをしていたのです。お互いのこころが通い合うサルたちです。サツキやフータは、一体どんな思いだったのでしょうか？

そして、四カ月後、A87群を追う私は、尾根上の岩場でサルの骨を発見しました。頭の骨はありませんでしたが、残された骨から一～二歳の子ザルであることがわかりました。

「ゴーだ」A2-84群にもA2-85群にも、もちろんA87群にも、この骨に該当するサルは一頭もいなかったからです。ゴーに違いありません。変わり果てたゴーの所在をサルが教えてくれたのです。

行方不明になっていても、どこかで生きていると信じ、私のこころの中で生き続けてい

もう心配ないと安心していたのに。行方不明となって４カ月後、ゴーと悲しい再会をした。

たゴーと、別れなければならなくなったのです。私の頭の中に、あの言葉が蘇りました。

「どちらか片方しか育たないよ」

残されたフータは三歳までA87群でサツキたちと暮らし、その後、隣のO群へ移りました。サツキは、ふたご以来出産していません。子育ては、もうこりごりなのかもしれません。

# 第5章　サル流、夏の過ごし方

# 昼寝が一番

ジリジリとした真夏の炎天下、セミの大合唱が下北半島の輝く森に響き渡ります。木の葉の隙間から差し込む光が、明と暗のコントラストをより一層強くし、日差しが強ければ強いほど、谷間が暗くなります。そんな光の落ちた谷間を快い風が走りぬけ、北国の夏がただ暑いだけの季節ではないことを物語っています。

赤色の実も完熟すると黒色になるヤマグワの集合果。この甘酸っぱい味を知らない人が増えている。故郷や田舎が遠くなっていく。

濃い紫色のヤマグワの実をむさぼるように食べていたサルたちは、足早に山懐の谷間へと移動しました。素朴な甘さのクワの実は、夏の暑さを一瞬忘れさせてくれる味です。田舎育ちの人なら、誰でも一度は口にしたことがあるでしょう。摘んだ指や舌が紫色に変色し、秘密の道草を見破られた、ほろ苦い思い出の味でもあります。

夏のサルは、ミズナラの曲がりくねった幹や、ひんやりとした谷間の岩場で、鳴き合うことも戯れ合うこともなく、オスもメスも、若者も年寄りも、群れ全員がコックリ、コックリと舟を漕ぎ、深い眠りにつきます。

目をこする、頭を抱える、ため息やあくびは、ねむ〜い時の合図、サルも人も同じです。ベビーは、母ザルの胸でおっぱいをくわえたままトロンと眠ります。小さないのちの安らぎが、

トチノキの葉をパラソルに、木の股でスヤスヤと眠る３歳のオスザル。いかにも気持ちよさそう。

お昼寝タイム。ゴーとフータ、母ザルのサツキ、ブリも加わり、コックリコックリと舟を漕ぐ。

静かな静かな森に広がり、微睡《まどろ》みの時が流れます。

岩の上で、大の字になって眠るサル。ぐうたらな姿に見えますが、むしろ昼寝の気持ちのよさが伝わってきます。

ただ、そんな無防備な眠りには、常に危険が潜んでいます。昔ならオオカミですが、現在では野犬です。寝込みを襲われれば、ひとたまりもないでしょう。安全で安心できることが、眠りには必要なのです。

採食や移動は、朝夕の気温の上がらない清々しい時間帯。考えてみれば当然で、実に自然の理にかなった暮らし方です。

人は汗をかき体温の調節をしますが、サルは汗腺はあるものの、人ほど発達していません。手足がじとっと湿る程度で、玉のように流れる汗や体毛が濡れることもありません。サルは熱を体内に溜めない方法として、動かないという手段をとっているのです。無駄な動きを極力ひかえ、木陰で身体を休めているのです。

学校も仕事も、義務も権利もないサルの世界。一見、気楽なように見えますが、生と死という諸刃の日常では、グダァーとした怠惰な生活が、猛暑を乗り切る一番の方法なのでしょう。

ただ、ハチ、アブ、ヤブ蚊、ダニと、夏の敵、虫たちとの戦いも課せられます。もちろん、サルに同行する私にも虫たちは容赦なく襲ってきます。私の苦手はアブ、三〇匹以上が身体にまとわりつき、とても我慢ができなくなります。アブはハチと違い刺すのではなく、鋭いあごで咬むのです。これがまた痛い。人によっては患部が熱を持ち、ぱんぱんに腫れることもあるのです。

初夏、サルがダニに苦しむことが、まれにあります。下北地方には、一ミリ以下の小形のダニから一センチ弱の大物まで、森の中どこにでも潜んでいます。特に、ササやヒバの幼樹の茂みに多く、当然私もダニの洗礼を受けるはめになってしまいます。サルはこの大形のダニが大嫌い、身体を這うダニを指でつまみ、岩や木の根元に何度も何度もこすりつけます。「うーんもう、この野郎！」こんな声が聞こえてきそう。憎しみがこもっている姿から、サルがいかにダニを嫌っているかがわかります。

しかし、これほどまでに拒絶するダニに全く無頓着、不思議なくらい無関心を装うこともあります。ダニが瞼に食いつき、丸々と腫れているにもかかわらず、取り除くことをしないからです。仲間のサルも取ってやりません。敏感なはずの場所です、それなりの感触もあると思うのですが。サルの夏のファッションでもあるまいし、このへんもまた、サルを理解できないことの一つです。

私たち人は、いかに自然を克服するか、いかに困難を打開するかに力を注ぎ、より豊かな暮らしを求めています。ただ、それにも増して、時には自然は牙をむき、信じがたい災害を引き起こすことが度々あります。何度も何度も、打ちのめされても私たち人は立ち向かいます。勇気、努力、成功、一生懸命、こんな言葉を好みながら。

しかし、サルは全く別の生き方を選んだのです。そう、自然に逆らわない、決して無理をしない暮らし方です。雨の降る日は雨に打たれ、雪の舞う日は雪をかぶり、酷寒の森で抱き合って、猛

切り株を枕に寝入るウメ。私の前でこんな無防備な姿を見せるなんて、うれしいような、悲しいような……。

暑の谷で眠ります。春夏秋冬、四季の流れに身をまかせ、流れるがまま、大自然に抱かれて暮らしているのです。

「だから、サルなんだよ」とか「仙人でもあるまいし」こんな声が聞こえてきそう。ただ、私たちは豊かな生活を求め、この地球で一体何をしてきたのでしょう。これから先、一体何をするのでしょう。豊かさを求めるあまり、失ったものの大きさや貴重さにようやく気がつき始めています。何かを得れば、何かを失うのが私たちの暮らし。そんな生活を見つめ直すとき、サルの暮らし方も一つの参考になるのではないでしょうか。

サルが眠る森、近くに群れのすべてのサルがいることが信じられないほど静かな森。眠るサルを眺める私までが、瞼が重く、大きなあくびを連発します。目の前で、無邪気に眠るサルの気持ちが十分に理解できます。

青々とした陸奥湾を走る船のエンジン音が、遠くへ遠くへと消えていきました。

# 水遊び

クロール、平泳ぎ、背泳ぎ、バタフライ、立ち泳ぎと、人の泳ぎのスタイルもさまざまです。平泳ぎは得意、でもバタフライは苦手という人、また、全く泳げない人もいることでしょう。同じような体格をしている人間ですが、どこに違いがあるのでしょう。水を怖がることが最大の原因と聞きますが、不思議なことです。以前、ゾウが泳ぐ姿をテレビで見ました。陸上動物では一番体重が重い、あのゾウも泳ぐのには驚きました。泳ぎに体重は関係ないようです。

動物の泳ぎ方には特別な方法はありません。地上を走るように、水中も走っているのです。その姿からイヌかきが有名ですが、長時間、長距離の泳ぎはとても無理です。多くの陸上動物の場合、水中で生活しないため、泳ぎを必要としないだけなのです。

〈コッ、コッ、コッ、コッ〉喉を鳴らしながら子ザルが一頭、沢の流れのほうへ降りて行きました。オオハナウドの茎を齧り、ホオノキの白い大輪の花を食い散らかしたサルたちは、沢沿いの斜面で休んでいました。グルーミングをしているサルもいれば、眠っているサルもいます。そんな暑い暑い昼下がり、もう休息にも飽きたのか、子ザルたちは遊び始めていました。

一頭、また一頭と先頭のサルの後を転がるように追い、二、三歳の子ザル四頭が沢底までたどり着きました。川幅が二メートル、水深二〇センチ、深みで五〇センチほどの緩やかな流れです。去年も、その前の年も、この流れでサルたちは泳ぎました。当然、今回もサルの水遊びが期待できます。私はカメラの準備をして、子ザルの動きに注目していました。

サルが泳ぐことは、何も珍しい行動ではありません。取っ組み合って、もつれるままドボンと

子ザルたちの夏の楽しみ、水遊び。流れの緩やかな浅瀬が、恰好の遊び場となる。

落ちる、いわば川の中まで遊びが延長することが多いのですが、人が熱い湯につかるときのように恐る恐る慎重に入り、泳ぎを楽しむこともあるのです。

水面にかぶさるタニウツギの枝を反動にして、二頭のサルが水中へダイビングを始めました。一頭が飛び込むと、すぐ後を追ってもう一頭も飛び込みます。水中でのレスリング、追っかけっこ、と続き、水しぶきが上がるたびに、サルたちの弾むこころが伝わります。そして、一頭、もう一頭と加わり、子ザルたちの水遊びの輪が広がりました。

サルは潜水も得意です。流れの深みに潜る姿は、何とも頼もしい限りですが、ずぶ濡れになった毛が身体にくっつき、びっくりするほど細く小さな身体を見せてくれます。濡れねずみとなった子ザルは、ブルブルと全身を震わせ、したたる水を切ります。これでほとんどの水気が取れてしまい、後は夏の暑さと風、それにサル自身の体温で毛は乾くのです。その回復の早さには驚きますが、身体の火照りも消えスッキリとした気分が伝わってきます。

サルの水遊びを観察していて、一つ発見をしました。それは、いつも泳ぐのは一歳から三、四歳の子ザルばかりなのです。おとなのサルたちは川沿いの木の枝でグルーミングや眠っているだけ。身もこころもリフレッシュする夏の水遊び、おとなのサルも子ザルだったころにその楽しさ、爽やかさを経験しているはず、それでも水に入ろうとしません。水遊びは、あくまでも遊びであり、おとなのサルには、もう関心がなくなったのでしょうか。

〈ホォー、ホォー、ホォー〉メスザルの低く唸るような鳴き声を聞きながら、沢底に広がっていたサルたちが、ミズナラの茂る急斜面を登り始めました。時の流れが川の流れにのみ込まれ、セミの大合唱がいつの間にか止んでいました。水遊びに興じていた子ザルたちも、三々五々連れ立って仲間の後を追います。川辺には無残にも踏み倒された夏草と、まだ乾ききっていない濡れた岩が、サルたちのひとときの戯れの跡を残しています。にぎやかなやんちゃ坊主たちが立ち去った跡には、いつも静寂がすぐに戻ってきます。何もなかったかのように。

コンクリートやアスファルトに囲まれた都会の炎天下、水田や森林を風が通り抜ける田舎の真夏日。南北に細長い日本列島には、人それぞれの夏があります。山深い森の小さな流れで、水しぶきを上げて遊ぶ子ザルたち。上空をクマタカが悠然と舞い、草陰で虫が羽をこすります。水面がキラキラと輝く北国の短い夏。ここにも日本の夏があります。サルたちの夏があるのです。

雑食性のニホンザルだが、意外にも昆虫食も多い。このガの幼虫もヒョイとつまみ、口に入れた。

## 河童伝説

突然ですが、この夏〝河童〟を見ました。「えっ、うそー」とか「そんな、アホな！」と呆れ返る前に、もう少し話を聞いてください。正確に言えば、河童のモデルになった動物に出会ったのです。

真夏の太陽が燦々と照りつける北国の森。沢すじに夏草が生い茂り、ムッとする熱気に包まれる中、久しぶりにサルの群れと出会いました。彼らは、見るからに涼しそうな差し毛の夏姿に変身していたのです。この密から粗への変化は、一見貧弱な姿に見えますが、厚手のコートからTシャツに衣替えしたようなもの、さっぱりとした身なりです。

風貌も雰囲気も一変し、同じサルかと見間違えることもあるくらい。特に、オスザル。それもおとなのオスの変貌ぶりには、思わず笑ってしまいました。頭のてっぺんが短く刈り込まれ、その周囲に長めの毛が残る頭部。ヒョイと立ち上がり、あたりの様子を窺うしぐさ。そして、面長な顔立ちに小生意気な風貌が加わり、まさに河童、河童そのものなのです。

頭の骨やミイラの発見と、本当のような、うそのような河童伝説が日本各地で語られていますが、夏姿のオスザルを河童のモデルとする私の珍説もまんざらでもないと、一人にんまりしていました。カワウソをモデルとする地方もありますが、ひょうきんな顔やサルの生息分布と河童伝説の伝承地域が一致することから、やはり河童のモデルとしては、サルに軍配を上げたいのです。

ここ下北地方の薬研渓流《やげんけいりゅう》にも〝かっぱの湯〟という露天風呂があります。山歩きの後、疲れを癒してくれる秘湯ですが、この周辺も、北限のサルの生息地です。

これぞ河童の正体!? 夏姿のオスのヘアースタイルは、お皿の形に刈り込んだよう。冬とは別人ならぬ別ザルだ。

後ろ姿だって、まさに河童。肩から蓑をかぶったようだ。

そこで、河童について調べてみました。『国語辞典』（岩波書店）によると、「**【河童】**①想像上の動物。子供の形をし、頭の上にある皿に水をたくわえ、水陸両方にすむとされる。他の動物を水中に引き入れて血を吸うという。②泳ぎのうまい人。」となっています。

また、河童は、天狗、鬼、龍などと同じ架空の生き物で、生物学的には実在しません。実際に見た人も、出会った人もいないはずです。しかし、民話や伝承など民族学的には、昔から脈々と生き続けてきました。川遊びのとき、河童に足を引っ張られるといって急流や深みを避けたり、深山幽谷を天狗の住む聖なる山と崇めたり、私たちに自然に対する恐れや敬うことを教示する妖怪として親しまれてきたのです。

ただ、河童が血を吸うなんて知りませんでした。この点がサルと大きく異なります。食べ物の幅や好みが広いサルでも、動物質は昆虫やクモ、貝どまりで、獣肉はもちろん屍肉も食べません。一度、カエルを捕まえ喜々として遊ぶ姿を目撃しましたが、もてあそぶだけで食べませんでした。

河童とサル、食生活と水陸両棲という点に違いがありますが、もう一つ面白いことに気がつきました。「河童の川流れ」「サルも木から落ちる」共に、達人も時には失敗する、油断大敵のたとえです。同じ意味のことわざの中に、何と河童とサルがいたのです。偶然といえば、偶然でしょうが……。

冬毛から夏毛への換毛は、何もオスザルだけのことではありません。メスザルにも子ザルにも見られます。ただし、春に生まれたばかりのベビーの体毛には変化がありません。

毛がわりのすっきりとした変貌ぶりは、個体によってかなりの違いがありますが、一つ確実に言えることは、ベビーを出産した母ザルはその年の毛がわりが進まず、ふさふさの毛のままでいることです。ベビーがしがみつくのに毛並みが豊かなほうが都合

赤く色づいたオオカメノキ（ムシカリ）の実。まぶしい日差しと暑さの中でも、秋は足早に迫ってくる。

がいいとする説もあれば、出産と育児で母ザルの栄養が取られ、その結果換毛が遅れるという研究者もいます。私は、毛がわりがホルモンによって支配されていることの裏付けと、大胆に推測しています。母となり乳の分泌を促すホルモンが、換毛を抑える働きをするのではないか、と考えているのです。

そよぐ風を全身でとらえ、体温を下げる暑さ対策のサルの衣替え。ただ、人の生活の衣替えのように、暦が変わると一斉に変化するというものではありません。五月ごろから徐々に進み、夏本番の七月には完了します。そして八月中旬、下北地方に響き渡るねぶた囃子。跳ねて、飛んで、祭りを楽しむ歓声と笛や太鼓の音が、北国の短い夏に終わりを告げるころ、北限のサルの体毛は、白い綿毛が密生するふさふさの冬の毛へと変わっていくのです。

# 第６章　胸騒ぎな秋

## 紅顔の美少年

入道雲からいわし雲に変わった大空を、夕焼け色のミヤマアカネが風に泳ぐようにスイスイと飛び始めます。ブナ、ミズナラ、イタヤカエデが色づき、山一面が黄色に染まる下北半島、紅葉よりも黄葉がぴったりとくる秋です。そんな秋はニホンザルの姿が、最も美しい季節。サルにとって、ただならぬ季節、そう交尾のシーズンなのです。

特に、おとなのオスザルは、全身の筋肉が盛り上がり、体格が一回りも二回りも大きく見えます。群れの中を肩をいからせ堂々と闊歩する姿は、まさに歌舞伎の千両役者。惚れ惚れとしますが、腫れ物に触るようで怖いくらい。恐ろしく危険な風貌ですが、こころを動かす何かが潜んでいます。ドキドキするほどの美しさには、怖さもつきまとうものなのですね。それに、紅潮した顔に真っ赤な尻、色も艶も一段と映え、燃えたぎるいのちの炎を見るようです。

ニホンザルの顔と尻が赤くなるのは、皮膚の色素のためではありません。成熟したサル、それに、より鮮やかに赤味が増す時季が交尾季であることから、性ホルモンが深く関わっていることがわかります。ホルモンの作用で毛細血管が拡張し、血液が透けて見えていたのです。

陰嚢の色と形から、オスザルの年齢が推定できます。ベビーから子ザル時代は餃子の皮のようにペラペラとしていて、若者ザルになると肌色のこりこりとした袋となり、そしてうっすらと赤味がつく青年期を経て、見事なシンボルの壮年期へと成長します。大きく垂れ下がった紅色は成熟の証しなのです。

一方、メスの場合、ベビーから子ザルの年代のお尻は、毛に覆われています。初めて発情を経験する四、五歳の若メスでは、お尻の皮膚がピンク色になり、パンパンに腫れることもあります。発情や出産の経験を積んだメスでは、お尻だけでなく股の両側も毛が抜け、赤味を帯びた皮膚が露出してきます。赤い皮膚の面積が広くなることが、成熟の証拠となるのです。

ところで、身体の一部分に赤色のデザインを持つ野生動物が、意外と多いことに気がつきました。クマゲラやタンチョウの頭頂部の赤色は、よく目立ちますが、仲間どうしの認知やつがいの形成に役立つワンポイントだと言われています。また、南太平洋で繁殖するグンカンドリのオスは、自らの喉を赤い風船のように大きく膨らませ、求愛のサインにしています。他にも、巣の中

上から、アキアカネ、ミツバアケビの果実、マツブサの果実。山が色づく季節の到来である。

で育つカッコウの雛のように、大きく開いた口内が赤色なのも、親鳥の給餌活動を促す信号とも言われています。

私たち人の身体の反応でも、赤色はしばしば発現します。異常に興奮したときや恥ずかしい思いをしたとき、胸が高鳴り顔が紅潮します。人はこの信号を見逃しません。「怒っているな」とか「緊張してるのかな」など、相手の心理状態を察し、いち早く対応する素晴らしい能力を人は持っているのです。

また、赤色の特性を利用して、巧妙な手口を使うこともあります。性的な信号の証しともいえる女性の赤い口紅、実はこれも相手の気を引く重要な信号なのです。赤色は、興奮したときに発現する色と同時に、相手を興奮させる魔法の色でもあるのです。

赤色に反応を示す原因として、血液や内臓に起因することが考えられます。身体を維持し構成している内臓を見ることは、ほとんどありません。多量の出血を目撃し、失神してしまう人もいるくらい。いのちを暗示する赤色にドキッとすることは、人もサルも生き物として当然のことかもしれません。時には扇情的にも映る赤色は、いのちの根源的な恐怖を忍ばせているのではないでしょうか。

身体の火照りが顔とお尻に強調される秋のサル。仲間の赤色の刺激で、自らの身体に火がつき発情が誘発されるメスザルもいるでしょう。また、オスザルどうしが互いに睨み合い、より一層燃え上がる相乗作用になることだってあるに違いありません。

子ザルにとっても、厳つい容姿のオスザルが、ただ単に怖い存在だけのものではありません。体力や判断力に自信を持ち始めた子ザルが、妖気漂うオスザルの後を追います。群れには、Ａ２-85

群のイトウや、A2-84群のシャチのように、二〜三頭の子ザルを引き連れる人気者のオスザルも出現します。

しかし、いくら人気者の彼らとて、いつもいつも子ザルたちを許すわけではありません。鋭い眼光でジロリと睨みつけます。〈ケッ、ケッ〉小さく鳴き、身をすくませながらも関心を示す子ザルたち。その姿から、大人へのあこがれ、それに性の芽生えが、若い子ザルの時期から、すで

壮年期のオス、マンボウ。いよいよ精悍な顔つきに。季節がサルを変えていく。

に萌芽していると確信できるのです。

## 誘いのテクニック

何はともあれ、サルたちの誘いのテクニック、恋愛術をお話しします。断っておきますが、あくまでもサルの世界でのこと、このことを十分に理解して聞いてください。

〈ガッ、ガッ、ガッ、ガッ〉けたたましい声と共に、尾根上のブナの木が大きく揺れました。ゴンズイの木ゆすりです。この派手な行動が、込み上げてくる熱いものを抑えきれない衝動なのか、それとも群れのメスザルや周辺のオスザルに対しての誇示や威嚇なのか、そのへんの事情ははっきりとわかりませんが、とにかく秋にはオスザルの木ゆすりの行動が目立ってきます。発情の兆候は、メスザルよりもオスザルのほうに早く訪れるのです。

群れの中や周辺を活発に歩き回るゴンズイを、Ａ２-85群のメスたちは避けています。無視するという程度のものではなく、あからさまに嫌がっています。メスどうしがグルーミングをしていても、鼻息荒いゴンズイの接近に、泣きっ面のひきつった表情で抵抗します。ムギも最初はそうでした。ムギは二回の出産歴のある八歳のメスです。群れのすべてのメスが避ける中、ゴンズイはムギに目をつけたのです。

なぜ、ムギを選ぶのか。このへんがどうにもわからないところです。メスなら誰でもよかったのかもしれませんし、ムギを選ぶそれなりの理由があったのかもしれません。北国に秋を告げる細い雨が音もなく降りしきる森で、しっとりとした空気に包まれ、サルの身体に発情の火がめらめらと燃え始めたのです。

メス（右）に近づき、熱い眼差しで迫る。でも、まだまだ彼女にはその気がなく、オス（左）のアプローチも空振りに終わることもある。

ゴンズイはムギを見つめます。赤黒い顔の窪みから放たれる強烈な視線、眼光鋭く深い睨みです。すべては、この熱い眼差しから始まるのです。

〈ケッ、ケッ〉ムギは怖がり、鳴きながら目をそらします。脅えるムギにはまだまだその気がありません。しかし、この再度の眼差し攻撃が、意外にも絶大なる効果を上げるのです。あれほど嫌っていたはずのゴンズイから、ムギが逃げなくなるのです。オスの性を見せつけるゴンズイに刺激され、ムギの身体にも性的な変化が現れ始めるのです。性の衝動は、身に危険が迫るほどの恐怖までをも受け入れさせるのです。

次にゴンズイは興味深い行動をとりました。踊るようなステップでムギに近づき、唇をパクパクと小刻みに震わせ、再び見つめ合ったのです。

「ななっ、何か言っている」近くで目撃した私は驚いてしまいました。このゴンズイのしぐさが愛のささやきのように見えたのです。イヌやネコの交尾を見たこともありますが、こんな芸当はありません。

リップスマック。唇を上下に小刻みに震わせ、込み上げてくる熱い愛のシグナルを送り続ける。

ニホンザルならではのこころの深さ、優美な細やかさを、こんな場面でも見せつけられたのです。

このオスからメスへの愛のシグナルをリップスマックと呼びますが、これでムギの発情は一段と加速します。もちろん、唇を震わせるゴンズイも、自分自身の行動に酔い、より一層燃え上がっているに違いありません。そして、ゴンズイは、触れそうで触れない微妙な距離を保ち、ムギの近くで立ちはだかりました。ピンと尾を上げ肩をいからせる姿に、「いよっ、日本一！」と声をかけたくなるほど、凛とした雄々しさが漂っています。

そして、ついにゴンズイはムギに触れるまでになったのです。ムギの顎に手をあて、顔を覗き込むこともありました。もちろん、この時も目と目は見つめ合っています。女心をつかむ術をゴンズイは会得しているのです。熱心とも執拗ともとれるゴンズイの求愛に、ムギはもうメロメロ、あげくの果てに、ゴンズイの後を追うようになりました。

熱い眼差しこそが、オスからメスへのラブコールのポイントだったのです。「目は口ほどにものを言う」この格言はサルの世界にも当てはまるのです。ただ、性行動は、何もオスザルばかりが積極的にしかけるとは限りません。

ゴンズイがムギとペアになっているころ、一〇歳のメスのウルシに発情が始まりました。〈コッ、コッ、コッ、ウギァー、ウギァー〉切ない切ないウルシの恋鳴きです。鳴きながら歩き回るウル

ついに、メスを口説き落とす。私や仲間の目を気にしながら、秋の森へと消えていった。２人の世界ならぬ「２頭の世界」を楽しむように。

シは、キョロキョロと視線も定まらず落ち着きがありません。そんなウルシの状態をいち早く察して、オスザルのイトウが駆け寄りました。逃げるウルシ、追うイトウ。ウルシの唄う恋歌がイトウを酔わせます。逃げることが誘うこと、メスザルの恋のテクニックもなかなかのものです。

ウルシの求愛はこれからが本番。ウルシは、後ろ向きに座り異様な匂いのするお尻をにじり寄せ、イトウに迫ります。この匂い、サルには性的な興奮を助長させるセクシャルなものですが、ただ単に臭いというのではありません。鼻をつく香ばしい、何とも言えない匂いなのです。サルに密着取材する私も、悪臭だったはずのこの匂いが、交尾季の後半には、もう一度嗅いでみたくなる懐かしい匂いに変わってくるから不思議です。

イトウも当然嗅ぎますが、群れの子ザルたちも寄ってきて、ウルシの汚れたお尻に顔を近づけ、匂いの元を調べます。まじまじと見定める子ザルの姿には、好奇心が満ちあふれていますが、ウルシには

垂れ下がったかさかさとしたカラハナソウの果穂。山全体が燃え上がるこの季節、うす茶色の淡い彩りを添える。

恥じらいはありません。発情を促し、交尾への序曲に欠かすことのできない匂い。メスザルの戦術は、この匂いにあったのです。

そして、そんな匂いを振り撒きながら、ウルシはイトウに迫ります。むしろ、これからが真骨頂。その気を見せるイトウの求愛を、やすやすとは受け入れないのです。迫るイトウを拒み、焦らします。揺れ動く女心といったところでしょうか、それとも焦らすことで、より一層イトウを興奮させる技なのでしょうか。いずれにしても、ウルシの恋のかけひきには舌を巻いてしまいます。

臆病な抵抗から大胆な誘惑まで、メスザルのこころに潜む魔性が見え隠れしますが、いずれにせよ、衝動が頂点に達し燃え上がったオスザルを、まるで手玉にとっているようにも見え、サルの世界では、メスザルこそが性のつわものと思えてなりません。第一、交尾相手の最終的な選択権はメスザルにあるのですから。いくら力の強いオスであろうと、いくら顔なじみのオスであろうと、交尾はそのときのメスの気分次第、時には見知らぬ新参者のハナレザルを選ぶことだってあるのです。

交尾を始めるゴンズイとムギは、群れから少し離れぎみに位置します。ムギの子や仲間から邪魔をされたくないのでしょう。二頭並んで倒木で休んでいても、互いに知らん顔を装います。それまでの経緯を知っている私としては、そんな二頭のよそよそしさを笑ってしまいますが、彼らは真剣です。サルでは、一見知らぬ顔をしているときほど、本当は関心度が高いということが往々にしてあるのです。群れ生活をするサルだからこそ、仲間のサルの目が気になるのでしょう。

木の枝での交尾。メスに馬乗りになり、胸を張るオスの姿は堂々として美しく勇ましい。しかし、何もこんな不安定な場所でなくても……、こんなふうに思うのは私だけだろうか。

ゴンズイとムギ、そしてイトウとウルシ。恋のプロセスはそれぞれ違っていても、寄り添う二組のカップルは、オスとメスのクライマックスへと陥っていくのです。

## 燃え上がるあの瞬間

ニホンザルの求愛行動は、オスザルがメスザルをリードしていくものとばかり思っていましたが、その実態は、メスザルのしたたかで積極的な誘惑もあり、何もオスザルだけが求愛の主導権を握るというわけではありませんでした。また、双方の経験や学習、その場の状況などで、あの手この手とバリエーションもさまざま。個性に満ちた求愛の儀式であることもわかりました。

さて、そんな求愛行動から導かれるクライマックス、そう、交尾ではどんなドラマを見せてくれるのでしょう。仲間の目を気にしながらも〝いい関係〟になったA2-85群のゴンズイとムギ。この二頭のその後を観察し、サル流の愛の行為を報告します。

倒木の上でゴンズイが座っています。キョロキョロと周辺を窺う姿からは威厳は感じられません。コソコソとする小心者といったところです。その一メートル隣に、ムギが背を向け無関心を装うように座っています。この何とも微妙な距離に、信頼と欲望が渦巻いているのでしょう。

ゴンズイはムギの腰を押し交尾を誘います。座っていたムギはお尻を上げ、受け入れの姿勢をとります。もしも、このときムギが拒み尻を上げなければ、ゴンズイはこれ以上の行動はとれません。もちろん、交尾は不可能となります。ニホンザルの世界には、オスザルの力ずくでの交尾、いわゆる強姦は成立しないのです。

ゴンズイは両手をムギの腰に置き、両足でムギの両足首を握るように馬乗りになります。後ろ足をギュッとつかまれると、妙な感じでしょうが、これでムギは身動きできなくなります。この馬乗りの姿勢が〝マウンティング〟です。

ゴンズイは五、六回、腰を前後に動かします。そして、一度ムギから降り、また並んで座り一分も経たないうちに、再び同じ行動をとります。この乗って降りを十数回繰り返し、最後の最後に射精となります。マウンティングごとに射精しているのではありません。クライマックスとなる最後のマウンティングで初めて、オスザルは精液を放出するのです。

その瞬間、ゴンズイは、より深く、より強く、より長い時間、腰を押しつけ、鼻先にしわを寄せ、口をニッと半開きにしました。歯を食いしばっています。「あっ、今だな」射精の瞬間が私にもわかりました。ムギは、振り向きゴンズイを見上げ、〈コッ、コッ〉と小さく嗚咽を漏らしました。その目は懇願するかのように潤んでいます。切ない表情です。そして、左手でゴンズイの肩をつかみ、より身体が密着するように引き寄せたのです。体内から放出する解放感に酔うゴンズ

射精の瞬間、見つめ合うオスとメス。放出の開放感と、確かなものを受け入れた達成感に、お互い酔いしれているのかもしれない。２頭の表情から、ニホンザルにも性交時の快感があると確信を持った。

多量の精液がべっとりとつき、白く汚れ異臭を放つメスの尻。

イ、確かなものを受け入れたムギの達成感。二頭の表情から、サルにも性交時の快感が、オスにもメスにもあると確信を持ったのです。

ただ、この絶頂感は、習慣性に乏しく、さらなる欲望には発展しません。あくまでも発情に伴った交尾行動でしか得られないものなのです。私たち人間社会の浮気、いわば遊びごころの浮気はサル社会には存在しないのです。

射精は、クライマックスの後すぐに確認できます。ゴンズイにもムギにも精液が付着するからです。サルの精液は、外気に触れると、温度差によるものなのか、白く固まる性質があります。度重なる射精を受け、おびただしい量の精液でメスザルのお尻が白く汚れることもよくあります。

この精液が固まる性質は、体内に入った精液がこぼれ出るのを防ぐ栓のような役割がありますが、他のオスとの交尾を阻止することにも役立ちます。サルに限らずオスは、自分の子孫を未来に残したいのです。ゴンズイは、自分の股に付着し固まった精液を食べました。ムギも手をお尻に伸ばし、付着する精液を剥ぎ取り食べました。

交尾の後、大あくびを連発するオス。さっきまでの緊張感が解け、身もこころも疲れ果てた結果なのだろう。

交尾の後、フッとため息をつくムギの横で、ゴンズイはなぜかあくびを連発します。大きく開いた口には、キラリと光る鋭い犬歯。このあくびを、オスザルが自慢の犬歯を仲間のサルに見せつける誇示の行動とする説もありますが、私はそうは思いません。食べ物もろくにとらず、寝ても覚めても交尾に明け暮れるオスザル。彼のあくびは、身もこころも疲れ果てた結果に生じる生理的現象だと単純に考えています。

この一連の交尾行動が一週間ほど続き、やがてムギの発情が消失します。ゴンズイとの蜜月関係も解消するばかりか、あれほど一緒にいたのに、今度は手のひらを返したようにゴンズイを怖がり避けます。そして一カ月後、ムギに再び発情が訪れ、交尾行動が始まるのです。このとき、相手として再びゴンズイを選ぶか、全く別のオスザルを選ぶかはわかりません。

初秋から初冬にかけて、メスザルの発情周期は三回ぐらい巡りますが、オスザルはその間ずっと発情が持続しています。オスザルの大きく垂れ下がった睾丸の意味がここにあったのです。

空高くまで響き渡る悲鳴、落ち葉を駆け抜ける音、大きく揺れる枝のしなり、森のざわめきは、にぎやかなサルたちの暮らしを伝えます。また、ゴッホの絵のような紅葉が、サルたちの気持ちを高ぶらせているようで、燃える風景にこころがときめくのは、何も私たち人間だけではないようです。秋の森には、何か不思議な力がみなぎっています。

# 第７章　厳冬に生きる

# シベリアおろし

ゴォー、ゴォー、まるで唸り声のような轟音と共に、足元から舞い上がる雪。突然、消える目の前の風景。これが地吹雪、白い地獄です。空からも地面からも渦巻く雪に、息もできなくなり、ただうずくまるばかり。北の半島は、風の半島なのです。

果てしなく広がる太平洋、波高い津軽海峡、なまり色の陸奥湾、この三つの海に囲まれた下北半島の冬。寒さよりも強烈な風雪に、すべての生き物は苦しめられます。そんな、風の魔神が潜む北国の森に暮らすニホンザル。彼らは、一体どんな生活をしているのでしょう。

冬の下北のサルは、朝寝坊です。まだまだ陽の昇らない暗い時間からせっせと動き、少しでもぜいたくな暮らしを求めるような、そんな忙しい生き方をしていません。のんびりとぐずぐずと急ぐことのないのが、サルの一日の始まりなのです。

〈ホォー、ホォー、ホォー〉やわらかな冬の陽が、白い森を優しく包みこむ早朝、針葉樹の森で一夜を明かしたサルたちは、鳴き合いながら泊まり場のヒバの枝から姿を見せ始めます。「よく寝たね」とか「おなかすいたよー」と、声を掛け合うような鳴き声。葉を落とし冬枯れとなったミズナラの枝に、一頭また一頭と止まります。ふさふさの毛がキラキラと輝き、ころころとしたサルの光る輪郭が浮き上がっています。ミズナラにまるでサルが実ったようで美しい光景です。

身にしみる冷気など忘れるくらいですが、私はある発見をしました。すべてのサルが陽の差す方向を向いているのです。太陽のエネルギーを顔、胸、腹と、身体いっぱいに受けるサル。何と、サルの冬の朝は、ひなたぼっこから始まるのです。

冬の早朝、陽の光を全身で浴び、ひなたぼっこをするサルたち。まるでサルが実ったようなシルエットが浮かび上がる。

体が温まったサルたちは採食を始めますが、積雪の状況でその様子は大きく違ってきます。初雪のころや積雪が少ない時期には、地肌の見える斜面でかさかさと落ち葉をかき分け、秋に落ちたミズナラやカシワの実の拾い食いに夢中になります。それに、しぶとく落ちずについているミツバアケビの萎びた葉やササの葉と、雪さえ積もらなければまだまだ食べ物は見当たります。

しかし、腰まで雪が積もるほどの冬本番には、そうもいきません。日々の移動も雪面から樹上へと移り、枝を伝うサルが目立ってきます。食べ物も冬芽や樹皮が食の中心になり、樹上生活を強いられます。冬とはいえ好天に恵まれたときには、雪上でグルーミングやレスリングに興じることもありますが、いずれにせよ、積雪量が、サルの冬の暮らしに大きく影響しているのです。こうした移動、採食、休息を三〜四回繰り返すと、短い冬の一日が終わります。

〈キュルルルルー、キュルルルルー〉ベビーの不安な悲鳴が、夕暮れの森に響きました。迫ってくる暗闇は、ベビーにとっては恐怖なのでしょう。すぐに母ザルの胸に飛び込みました。夜のサルは、一晩中眠っているのではありません。ごそごそと動き位置を変えるサル、グルーミングを始めるサル、いざこざを起こし泣き叫ぶサルもいます。しかし、泊まり場を変えることは、ほとんどありません。澄みきった冬の夜空。満天に輝く星を、眺めるサルもきっといるでしょう。

そんなサルの冬の暮らしは、気象条件に大きく左右されます。それも雪や寒さではありません。風。風がサルの暮らしを制約しているのです。

津軽半島で暴れ回った暗黒の雲が、海峡を渡り、みるみるうちに下北の森を覆います。天地を

オニグルミの冬芽

上:カシワのどんぐり、左:クズの種子

真っ白な雪におおわれた冬の森にもあちらこちらに食べ物は見つかる。

シベリアおろしが吹き荒れ、なまり色の海は風雪で見えません。白い森が光を落とし、そこにはいのちの鼓動が感じられません。そんな苛酷な冬の半島ですが、奇妙な現象が起こります。

脈々と連なる山々に谷間が入り込む、起伏に富んだ地形の下北半島。複雑な地形が、日なたと日陰を演出するように、風のあたる場とあたらない場を作り出すのです。荒れ狂う暴風雪で木々が吹き飛ばされそうな森にも、信じられない場所、エアポケットのような静かな静かな風のない谷間があるのです。冬のサルは、そんな風の陰の部分を利用して、ひっそりと暮らしているのです。

一日の移動の距離も極端に短くなり、時には群れ全体が全く移動しないこともあります。枝上で抱き合ったり、グルーミングを楽しむ時間が、長く長くなります。複雑な地形が、厳しい冬からサルたちを守っているのです。

風に苦しみ、風を避け、風の方向を常に気にしているサル。天候のわずかな変化までもを感じ取る能力には、ただただ驚くばかり。サルの動きが天気予報になるくらいです。

厳しい自然と向き合い闘いながら暮らすのではなく、大自然に抱かれる生き方をサルから学びました。がまんしながら全力で暮らすよりも、無理をせずゆったりと暮らす生き方もあるのです。

## 宿　命

下北のサルに限らず雪国のサルには、厳しい冬を耐えに耐え、我慢しながら生きているといったイメージが一般的にあるようです。なるほど、木の冬芽や樹皮をがむしゃらに齧る姿や吹雪の中で寄り添い抱き合う様子から、サルたちの冬の暮らしの困難なことが窺えます。ただ、できるだけ楽をして、のんびりと暮らすのが身上のサルたちです。本当に、耐え忍んでいるのでしょう

猛吹雪の中のハギ。じっと寒さを堪え忍んでいるように見えるが、実はそれほどではないのかもしれない。

か？

わた雪、粉雪、ざらめ雪、気温によって変化する北国の雪。冬枯れの森に降る雪は、白一色の世界をつくり、サルの食べ物を隠してしまいます。枝や幹にも雪がつき、どこか物悲しい雰囲気が漂う中、白い森を時間をかけて丁寧に見回すと、木の枝に絡むツルウメモドキやサルトリイバラの赤い実、雪をかぶったガマズミの萎びた実、クズやヤブマメの種子、チシマザサの脇から出る新芽、木の枝や幹に張り付くキノコと、眼が慣れるにしたがって、白い森に溶け込み目立たなかったサルの食べ物が見えてきます。

もちろん、サルたちの空腹を十分に満たすほどの量は期待できませんが、何もないはずの冬の森に、冬芽や樹皮以外にも食べ物があることがわかります。それに、針葉樹のマツの種子（松ぼっくり）も好物の一つ、うすっぺらで小さな種子ですが、海岸線の岸壁で一日中執着することもあります。

また、海岸に降りて、波打ち際で貝や海藻に舌鼓を打つこともしばしば、特にタマキビ、カサガイ、アサリが口に合うようです。それにミカンやダイコンの切れ端など、思わぬ漂着物に巡り会うこともあり、サルにとって海岸は楽しみな場所のようです。春や秋に比べ食べ物の種類や量は少ないものの、冬の食べ物もそう心配するほどではないことがわかります。

私たち人が、冬芽や樹皮、それに萎びた実など、サルと同じものを食べなければ生きていけないとなると、それは苦痛であり耐えられないでしょう。しかし、落葉広葉樹林に暮らすサルでは、それは当然のこと。何千年の昔から何千回もの冬を過ごしてきた下北のサルにとって、冬の食事は苦痛でも我慢でもないのです。変化に富んだ四季のある日本列島で生きるニホンザルには、冬の暮らしは避けることも変えることもできないのが現実だからです。むしろ、サルが下北をはじめ雪国の豊かな自然を十分に利用し、その環境に溶け込む能力を持っている動物だからこそ、日本の厳しい冬を越すことができるのです。

また、サルをはじめすべての動物は、他の地域の同種の仲間と生活環境や暮らしぶりを比較することはありません。自らが暮らす環境がすべてであり、他を知らないからです。例えば、下北のサルは、南国の暖かい地方にもサルが暮ら

1メートル以上にも垂れ下がる氷柱（つらら）。ポキッと折り、口に含んだり、ちゃんばらごっこに興じたり、幼い頃をふっと思い出す。

しんしんと細かな雪が降る中、黙々と樹皮を齧るメスザル。「まずそう」と私たち人は思うが、「けっこう、いける」と彼らは楽しんでいるのかもしれない。

していることを知りません。

私たち人は、事故や事件それに災害から生活の苦情まで、地球の隅々までの〝今〟を知ることができる社会になりました。情報化社会が進む中、他の地域と比べ自分の暮らしを省みることができるのです。不安や不満を持つこともあるでしょうし、同情や哀れみを感じることもあるでしょう。

私たち人は、どうしても自分以外の人の暮らしを比較してしまいます。もちろん、それができることは科学技術の進歩の証明とも言えますが、動物にはこの情報を得るということがありません。したがって、たとえ厳しい生息環境であっても、それを受け入れ、溶け込むように暮らすしか生きる道がないのです。

生まれる時代、生まれる場所、誰の元に生まれるか、これらの条件は誰一人として選ぶことができません。いわば、すべての生き物の宿命なのです。下北のサルが冬を耐え忍ぶとするのは、南国のサルを知っている私たち人の知識から来る思い

こどもは風の子？　子ザルたちは元気に遊び回る。澄み切った青空がいのちの躍動を優しく包み込む。

込みであり、下北のサルたちにとっては、たとえ厳しい冬であっても、何でもないふつうの暮らしなのです。

猛吹雪の中、頭や背中に積もるほどたくさんの雪をつけ、ヤマグワの冬芽と樹皮を黙々と齧る子ザル。じっと私を見つめる眼差しには、たくましい野生の生命力に加え、厳しい自然の元に生まれ生きる宿命が伝わってきます。

## 冬を楽しむ

〈ツツピー、ツツピー〉どこからともなくやって来る十数羽のシジュウカラの群れ。よくよく見ると、数羽のコガラも交じっています。静かで凛とした森の中、にぎやかに飛んで来て、にぎやかに鳴き合い、にぎやかに去って行きます。それもそのはず、さえずりの種類は四〇以上とか。羽毛をふくらませ、枝から枝へちょこまかと動く姿は、可愛い小さな楽団といったところ。仲間と一緒に、わいわいがやがや、冬の楽しみ方を知っているようです。

〈クゥ、クゥ〉〈ホォ、ホォ〉木の枝で寄り添い抱き合っていたサルたちが、互いに鳴き合いながら動き始めました。重なり合う灰色の雲間から陽の光が差し込み、光り輝く森へと変わっています。今までの猛吹雪が嘘のよう、天候によって森の表情もさまざま、北国の冬ならではのことです。一頭また一頭とサルが枝を伝うごとに、枝についていた雪がはらはらと舞い落ちてきます。イヌのように手足を伸ばし、ウゥ～ンと伸びをするサル。キラキラと光るふさふさの毛。白い森にしみ入るまろやかな鳴き声。寒さの中、ほのかな暖かさに一息つき、思わず声が出てしまうのでしょう。

ネコの目のように次々と変化する冬の天候。暗黒の雲が去った後には、澄みきった冬の青空が広がります。しかし、そんな青空も長続きしません。再び猛吹雪が襲ってくるのです。刻々と移り変わる天気ですが、つかの間の好天を楽しむのは、何もサルに限ったことではありません。彼らを見つめる私もまた、太陽のエネルギーがこれほど強く、元気を取り戻せる魔法の光だとは思ってもいませんでした。凍てつく寒さに縛られていた私の身もこころも、解放されホッとする気分になるのです。

子ザルの食事に費やす時間はおとなに比べ短時間です。身体の小ささに比例して、おなかも小さく、すぐに満腹になるのでしょう。子ザルたちは、そそくさと食べ終え、しなる枝にぶら下がったり、追っかけっこに興じたりと活発に遊び回ります。二頭で始まった雪上のレスリングに、遠くにいた子ザルも加わり、四頭五頭と遊びの輪が広がってきます。

オスどうしとかメスどうしなど関係ありません。同年齢がよく遊びますが、時には年齢差のある場合もあります。一歳の子ザルが三歳に向かっていく姿は頼もしい限りですし、三歳が手加減をして弟や妹と遊ぶ姿勢には優しさや思いやりが窺えます。喜々として雪面を転がる姿を見て、何

子ザル４頭の遊び。追っかけっこ、レスリング、ちょっとの間もじっとなんかしていない。相手を認め、相手に認められ、集団で暮らす方法を遊びからも覚える。

夕方になっても雪は降り続いた。母ザルの胸にしがみつくベビー。冷えきった身体も徐々に温まる。

がそんなに楽しいのだろうと思ってしまうほど。

人の子では喜々とした歓声が聞こえてきますが、子ザルの遊びは無言です。ただ、時にはけんかにまで発展することがあり、子ザルの表情は真剣そのものです。寒さも雪の冷たさも平気平気、らんらんと輝く瞳が遊びに集中する子ザルの楽しさを物語っています。そんな様子を木の枝でグルーミングを受けながら見守る母ザルの安らかな顔。雪国に暮らすサルたちのこころが見えてきます。

「下北のサルは温泉に入らないのですか？」日本各地のサル情報がテレビや新聞で報道される今日、温泉に入るサルが話題になると、ここ下北でもこんな質問をよく受けます。私たち人は、冬の温泉、それも露天風呂は至福の楽しみです。

ニホンザルでも、長野県の地獄谷に生息するサルは温泉に入ることで有名ですが、下北のサルには温泉を楽しむ趣はありません。同じニホンザルだからといって、同じような暮らしをするとは限らないのです。特に、餌づけ群と野生群では暮らし方に大きな違いが出てきます。温泉につかったり、雪玉をつくったり、イモを洗ったり、一見知能の高いサルならではの行動ですが、これらはすべて餌づけされたサルの群れに出現する特殊なことなのです。野生ザルの生活には必要としない行動ですが、サルが持つ潜在能力の高さが見て取れます。

暴風雪の中、母ザルとお姉さんザルの二頭の胸にはさまれ抱かれるベビー。ふさふさの毛に埋もれる子ザルを見て、私は遠い昔、こたつに入り家族と過ごした冬の夜を思い出しました。ベビーにとって母ザルや親しいサルたちに抱かれることは、むしろ楽しいひとときと思えてきたのです。何せ、おなかがすけば目の前のおっぱいをいつでも好きなときにくわえることができるし、母ザルの温もりも、匂いも、そして優しいこころまでもが伝わるからです。

もちろん、ふさふさの毛の外側は酷寒の森です。背中に雪をつけ、身をかがめ抱き合うサルの塊。見た目には、つらく厳しい姿ですが、サルにとって一家団欒の冬の楽しみかもしれません。

ブナの森に出現する春のえくぼ。雪解けはブナの幹から始まる。

COLUMN

## ベビーの死亡率

ベビーが誕生してからの1年間、その死亡率はどのくらいだと推定しますか？下北半島の冬は寒さが厳しく、かなり高い数字を思い浮かべる人もいることでしょう。暴風雪に苦しめられ、幼いいのちが、春待たずして力尽きるように思われがちです。

1987年以降13年間の観察から、脇野沢村の民家周辺で暮らしている3群のベビーの死亡率を調べてみました。この間、A87群は出産数が20頭で死亡数は1頭、A2-84群は出産数が68頭で死亡数は13頭、そしてA2-85群は出産数が53頭で死亡数は9頭でした。3群を合計すると、総出産数は141頭で死亡数は23頭、死亡率が16.3％との結果を得ました。

A2-84群とA2-85群で死亡率が高いのは、農作物をサルから守るために農家の人々が畑に張った漁網に、ベビーが絡まる事故が多発したためです。特に、6月から7月に集中し、ベビーがようやく活発に動き始める頃に被害に遭います。

漁網のある畑で母ザルが農作物を食べている間、そばで遊ぶベビーがネットに絡まり、もがけばもがくほどがんじがらめになってしまうのです。母ザルはこの緊急事態にパニックとなり、〈ギィアー、ギァアー〉と鳴き叫びますが、どうにもなりません。群れの仲間も移動を遅らせしばらく様子を見ますが、ネットに絡まったベビーを置き去りにして、何もなかったかのように、いつものサルの群れの生活に戻ります。

母ザルだけが自由のきかないベビーのそばに付きっきりでいる、と言えば、「さすがサルだね」と感心する人もいるでしょうが、そうではないのです。あれほど鳴き叫んでいた母ザルも、やがて群れの仲間の後を追うのです。その時の母ザルのこころ、推し量れるものではありません。

近年、電気柵が設置され、畑を覆う漁網がめっきり減りました。当然ネットによるベビーの死亡事故も減っています。16.3％の死亡率の中には、ネットなど人為的な事故によるものが多く、自然死亡率ともなればもっと低い数字になります。

# 第8章　生きるということ

## 顔の傷はオスの勲章？

「うわぁ、痛いだろうに」

両手で頭を抱え込み若いオスザルがうずくまる姿を見て、思わず私の口からもれた言葉です。ようやく発見したM群を追跡し三日目の夕方、下北半島北部の目滝川《めたきがわ》に流れ込むガロウ沢でのことでした。沢筋に茂るカツラの葉が黄色に色づき、甘酸っぱい香りが沢底に充満し、秋の風情をより一層強めています。

人の接近を嫌い、逃げ去る群れが半島北部には多い中、M群は比較的人慣れしている群れです。季節も秋本番を迎え、群れの周辺にオスザルが集まり、個体数が八〇頭を超すほどの大群となっていました。オスとメスとが、人目ならぬサル目を忍んでカップルとなり、交尾に励んでいたころです。誰と闘ってこんな重傷を負ったのかは不明でしたが、痛みをじっと耐える姿から相当のダメージが見て取れました。双眼鏡で覗くと、右耳のあたりの毛が赤黒い血のりでべっとりと染まり、あるはずの耳が見えません。それに頭を抱える右腕と右手の指にも鮮血が見えます。落ち葉に血がしたたり、まだ出血していることが心配です。もしかしたら、右耳はちぎれているのかもしれません。

M群の多数のサルはガロウ沢の沢底を登っています。先頭はすでに中流域を越え、斜面の傾斜が急になり始める上流部まで行っていることが、姿は見えないものの鳴き声からわかりました。この傷ついた若オスは、群れに遅れまいと仲間の後を追い始めました。

細い沢の流れに沿って登りますが、動きも姿も変です。何と、傷ついていたのは頭と右手だけ

「うう～ん、痛い」A87 群のサツキに左耳を齧られ、頭を抱える新入りのオスのハゼ。

ではなかったのです。右足も負傷していました。外傷はありませんが、右足を折り曲げ地面につくことができません。結局左の手足が使えるだけで、一〇歩も歩かないうちに再びうずくまりました。仲間のサルは、痛みに耐える若オスの異変に気づいていましたが、チラッと横目で見るだけで、手助けもせず通り過ぎて行きます。

一頭、また一頭と追い越され、うずくまる若オスは群れの最後尾になってしまいました。それでも、よたよたと数歩移動しては立ち止まることを繰り返し、少しでも群れに追いつこうとします。しかし、現実は厳しく、群れとの距離は離れるばかり。私は群れを確認できる位置を確保しながら、後方で苦痛にあえぐ若オスを見守っていました。

顔をしかめ、「うぅ～ん」といった呻《うめ》き声が聞こえてきそう、じっとうずくまる時間が長くなってきました。「できることなら仲間の所まで背負ってでも連れて行ってやりたい」しかし、たとえ負傷していても相手は野生のサル、しかも元気な盛りのオス

大ケガをしたマンボウ。右足の付け根から皮膚が垂れ下がり、肉がむき出しになってしまった。

鼻を傷つけられたサヨリ。雨に傷口がしみる。

ザルです。とても触ることも傷の手当てや治療もできません。じっと様子を見守ることしか私にはできなかったのです。陽の落ちたガロウ沢の沢底は、薄暗くしっとりとした空気に包まれていました。

「なぜ、そこまで群れにこだわるのだろう？」

痛みを我慢してまで仲間についていく若オスを眺め、こんな疑問がわいてきました。群れには傷を負わせたサルがいるのです。再び争いになるかもしれません。私たち人なら「こんな群れにいたくない」と仲間から離れ、別の群れに加わる人もいることでしょう。サルは恨みを持ったり、復讐や仕返しを考えたりしないのでしょうか？　サルにとって群れとは一体何なんでしょう？

翌日、傷の症状が判明しました。出血はすでに止まっていましたが、右耳は横に大きく避け、耳の上半分がベロンと垂れ下がっています。わずかな皮膚でくっついているだけで、元の状態には到底戻りません。むしろちぎれ落ちる可能性が高く、完治は望めません。

昨日は気づきませんでしたが、左の上唇が大きく縦に避け、赤々とした傷口がパックリと開いていました。右手の人指し指と中指の第一関節から先が欠損し、白い骨も見えています。それに、外傷は見られませんが、いまだに右足は地面につけません。ただ、苦痛に歪んだ顔付きは、いくぶんよくなっていました。若オスにとって今年の秋は試練のシーズンとなったのです。

ところで、負傷するオスザルにはある共通点が見られます。傷が、鼻、上唇、耳と、顔面に集中しているのです。個体識別をするうえでは都合のいい傷痕が残りますが、顔面が無傷なまま一生を終えるオスは、オスの中のオスといったところでしょうか。

ギョウジャニンニクの若葉（上）とミヤママタタビの果実（下）。サルの食べ物にはこうした薬草類が多く含まれている。

顔が傷つく理由は、サルの武器が鋭い犬歯にあるからです。咬むためには口を突き出さなければなりません。当然、向かい合う顔と顔が接近し、互いの犬歯が切れ味鋭いナイフの役目を果たすのです。オスザルの顔の傷は、果敢に闘いを挑んだ証しとも言えるでしょう。

どんなに深い傷や大怪我であっても、サルたちの回復力の早さには舌をまいてしまいます。医者も病院も薬もないサルの世界、痛みや発熱にじっと耐えに耐え、自然治癒力にゆだねます。サルにとっては、時間こそが名医、自分自身が持つ生きる力で傷や病気を治すのです。

また、サルたちの食べ物の中には、人が漢方薬として利用する植物が多く含まれています。サル自身は薬用植物などといった知識はありませんが、日々の食事で薬効成分を含む植物を何種類も、バランスよく複合的に食べているのです。身体の維持や健康に優れた自然食、いわば医食同源を知らず知らずのうちに実行する野生のサルたち。彼らの強靭な生命力の源がここに隠されているのかもしれません。

## ハンディキャップ

イトウという名前のオスザルが、Ａ２-85群にいます。ただし、生まれはＡ２-84群、ミョウガの

イトウ、14 歳の夏。足首から先が欠損している右足を眺め、何を思っているのだろう。

子として一九八三年の春に生まれました。その後、一九九〇年の秋七歳でA2-84群から離れ、見知らぬA2-85群に加入していたのです。

ベビーのころからイトウという名で呼んでいたわけではありません。私にとってイトウは、今では顔馴染みの、いわばサルの友人の一人ですが（私の自分勝手な思い込みです）、私は彼とこれほどまでに親密な関係になれるとは、当時想像もしていませんでした。ごくふつうに生まれ、ごくふつうに育った子ザルを「イトウ」という幻の魚の名で呼ぶようになったのには、それなりに理由があったのです。

下北半島南西部の脇野沢村の里山に暮らすサルたちは、天然記念物に指定され保護されていますが、農家の人たちには農作物を荒らすサルとして厄介者になっています。畑を漁網や板で囲い、サルの侵入を防ぐサル対策をとっていましたが、それも効果がなく、困り果てた村人の中には、現在では禁止になっているトラバサミを仕掛けることもあったほどです。

トラバサミにかかったコナス。かつてイトウは、このトラバサミか漁網が原因で、右足を失った。コナスも右足の親指とひき替えに、トラバサミから逃れた。

この漁網かトラバサミが原因で、右足の足首から先を失った子ザルがいました。畑に侵入し罠に掛かり、自分の足を犠牲にして逃げたのです。痛々しい姿でしたが、事故とはいえ三本足のサルは珍しく、幻の魚になぞらえすぐに名前が決まりました。イトウ、三歳の夏のことでした。

サルは知能の高い動物です。それに、サルにもサルなりのこころがあります。三本足のイトウと群れの仲間との付き合い方を興味深く見つめました。

「なぜ、自分だけが三本足になったのだろう」とか「あのとき、畑に行かなければよかった」と、イトウは後悔をしたり反省をしたりしたのかもしれません。また、仲間のサルも「三本足でかわいそう、何か手助けしてあげたい」と、哀れみや同情の気持ちを持ったかもしれません。集団で暮らすサルです、イトウの痛みを分かち合い助け合って生きていくものだと、私は少しばかり期待していました。

しかし、イトウは移動のときはもちろん、木登り、枝渡り、採食、争い、それに交尾でさえ

片目の老オス、タンゲ。百戦錬磨を思わせる身体と、威風堂々とした振る舞いは、私を縮み上がらせた。

も、三本足で完璧にやってのけたのです。日常生活において、誰にも助けを求めず、何一つ不自由や困惑の表情を見せませんでした。障害を苦にする素振りや弱みを見せることは、一度もなかったのです。

また、仲間のサルの反応もイトウを特別扱いしませんでした。むしろ、頼りがいのある兄貴といったところで、グルーミングも小競り合いも、分け隔てなく接していたのです。

イトウ以外にも障害を負ったサルはいました。O群の老オスのタンゲがそうです。初めて出会ったとき、私はその風貌に圧倒され言葉を失うほど、タンゲのハンディキャップは衝撃的なものでした。ジロリと睨みをきかす眼の右眼球が欠損し、えぐり取られたように窪んでいたのです。紅黒い顔の奥で、左眼だけが眼光鋭く輝き、不気味で恐ろしく印象的でした。それに、左耳も大きく横に裂け、垂れ下がっていました。

いつのころにこんな深手を負ったのか、またその原因についても全く不明で、私と出会ったときに、すでに満身創痍の状態だったのです。

当時Ｏ群は総勢一四頭の小さな群れで、下北半島の西海岸線の狭い範囲を遊動域としていました。断崖絶壁の岩場が続く海岸線は、左眼しかないタンゲにとって、危険な場所に違いありません。両眼あってこそ、すべてのものを立体視することができ、遠近感や距離感がわかるからです。このハンディキャップをタンゲがいかに克服したのかは知りませんが、彼は枝から枝へ事もなげに渡っていましたし、岩場でもヒョイ、ヒョイと飛び移っていました。

そればかりではありません。タンゲは常に堂々とした振る舞いで、群れの仲間から熱い信頼を寄せられていたのです。私の群れへの接近に、Ｏ群のほとんどのサルが一定の距離をおき警戒する中、タンゲだけが私に立ち向かって来るのです。その迫力にはハンディキャップなどみじんも感じられなく、むしろ雄々しく気の強い戦国時代の武将のようだったのです。

イトウやタンゲを含め障害を負ったサルがごく自然に生きる姿を見て、サルにとってハンディキャップは、本人も仲間のサルも特別な事態だとは認識していないことがわかります。日々を生きるか死ぬかで暮らすサルには、三本足であろうと、右眼がなかろうと、どんな状態であろうと、一人で生きて行かねばなりません。世話をすることも、世話を受けることも必要としないのがサルの世界、介護も福祉もサルには無縁のことなのです。一見薄情にも見えますが、むしろ大自然で生きる厳しさの現れであり、これが野生の掟なのです。

イトウは円熟味が漂う立派なオスとして、今もＡ２-85群で暮らしています。一方、タンゲは一九九二年以降行方不明となっていますが、老齢であったことから、すでに死亡しているものと、その生存を諦めています。

# 老　い

ツツジ、サツキ、ウメ。この三頭の年老いたメスザルたちを、私は尊敬と親しみを込めて〝下北の三婆〟と呼んでいました。A2-84群にツツジ、A87群にはサツキ、そしてA2-85群にウメと、脇野沢村の里山に生息するそれぞれの群れにこの三頭は暮らしていたのです。

そんな三頭でしたが、一九九七年三月一日、最高齢のウメが春を待たずにこの世を去りました。推定年齢三三歳、人に換算すれば百歳ぐらいのおばあちゃんザルで、その死は天命を全うした大往生でした。ウメの晩年の暮らしから、サルの老いについて考えさせられました。

「サルだ、サルだ、おっかねぇー」

村人の震える声に、私は自宅の裏の開墾された小さな畑へと急ぎました。一九八五年初夏、脇《わき》野沢《のさわ》村《むら》桂沢《かつらざわ》地区でのことです。

一番奥の畑の山際で、太い木の枝を大きく揺するサルがすぐに目に入りました。ふつう、オスザルの木ゆすり行動には〈ゴッ、ゴッ、ゴッ〉と雄叫びが伴いますが、このサルは枝ゆすりはするものの叫び声を出しませんでした。バサッバサッ、周辺のサルたちが枝づたいに逃げ去る音が、やけに大きく聞こえます。サルたちの興奮が伝わりますが、ただならぬ雰囲気にサルにも私にも緊張感が走りました。

私を無言で威圧するサルがてっきりオスだと思っていましたが、胸にぶら下がる赤く長い二つの乳頭が目に入りました。何と、メスザルだったのです。そして、このサルこそが、当時二〇歳を超したばかりのウメだったのです。

ウメの頭。白く艶の消えた体毛はパンチパーマのようにカールしていた。

下北のサルの写真を撮りたい私にとって、このウメとの初対面は、衝撃的であり運命的でもありました。このとき以降、男勝りのウメは、ことごとく私の前に立ち塞がってきたのです。強烈な威嚇を受け、怖い思いをしたこともしばしば。血相を変えた目つきは真剣そのもの、そのド迫力には一目置かざるを得ません。ウメの目には、群れの中を姑息に動き回る私がうっとうしく映っていたのでしょう。

ただ、度重なるウメの威嚇を受けていると、サルが嫌がる行動や状況、それに雰囲気が肌で感じられるようになってきます。彼らの通り道を塞がないとか、むやみにベビーに近づかないとか、その場のサルの気分を理解するとか、サルとの接し方の極意をウメは教えてくれたのです。

「ずいぶんと年寄りになったねぇ」久しぶりにウメと再会した人の言葉に、私はハッとしました。毎日出会っていると、老いの変化に気づかないものなのです。ただ、振り返ってみると、ウメが三〇歳に近づくころから極端に老いが目立っていたように思い出されます。

パンチパーマのようにカールした髪形、白く淡く艶も消えた体毛、柔らかでゴムのように弾む若者ザルの身体に比べ、肉もそげ落ち、ごつごつと骨っぽい身体は外見からも見て取れます。腰も落ち腕も曲がり、猫背のような背中で体重も減っています。しぐさや表情からも覇気が消えま

ある日、ウメの後ろ姿に私は息をのんだ。落ちた肩、曲がった背中、確実に彼女に老いが忍び寄っていたのだ。

した。

それに白内障と、老いの変化は眼にも現れました。人の場合は簡単な手術で治りますが、サルではそうもいきません。瞳から輝きが消え白濁し、視力の低下あるいは失明と、視力障害が残っていることが窺えます。

そんな老化現象が進むにつれ、ウメには北国の風雪を生き抜いた風格と、成熟したこころの憂いまでもが漂ってきました。豊かな経験と知恵の深さは群れの宝、生きてきた時の重みと群れの仲間の厚い信頼がひしひしと伝わってくるのです。Ａ２-85群の群れの仲間にとっても、ウメは時には怖い存在だったに違いありませんが、むしろ最も頼りになる頼もしいおばあちゃんでもあったのです。

生きていることは変わっていくこと。昨日と同じ今日はなく、今日と同じ明日もありません。こどものときには成長と呼んでいた変化が、いつを境とするのか、老化と呼び始めます。体力の低下だけでなく、こころまでが狭くなるようで寂しい気分になっ

ナス（左）からグルーミングを受けるウメ（右）。すでに老年に達した娘が年老いた母の晩年を看取り、送った。その姿はまるで人間の親子のようだった。今、日本では、老人介護の在り方が問題となっている。

てしまいますが、老いはすべての生き物に確実に忍び寄る宿命、避けることも逃げることもできないことなのです。

それぞれのいのちに訪れるそれぞれの老い。一頭一頭に個性があるように、サルの老いも決して一様ではありません。不規則で不連続な面を持っています。

ウメは終焉を娘のナスに頼りました。移動するときもグルーミングでも、採食のときでさえ、ナスの後を追い身をゆだねていたのです。娘といっても、ナスも二〇歳を超す老猿です。身体が弱ったウメをナスが丁寧にグルーミングする姿は、互いに年老いた母と娘の最後の触れ合いだったのでしょう。

ウメが土に還る最後の最後に、年をとっているとはいえ娘のナスに頼ったことは、実に興味深く感動的であり、印象的でした。老猿どうしが癒し、いたわり合う、まるでそこにはサルの世界の介護の姿を見て取れたからです。

# 生と死

一九八九年五月八日、連休明けの清々しい森で、A87群と久しぶりに出会いました。一〇頭足らずの小さな群れには、見知らぬ若オス一頭が加わり、どこかよそよそしさが漂っていましたが、それ以上に驚くことが起こっていたのです。

当時一〇歳のメスのサクラが、死んでいるベビーを持ち歩いていたのです。最初、ボロボロになった布切れを引きずっているのかと思い、それほど気にしていませんでした。しかし、数分も経たないうちに、それがベビーの変わり果てた姿とわかったのです。「どうしたんだ、何があったんだ」混乱する私は、しばらく冷静な判断ができませんでした。

柔らかなはずの体毛は土で汚れ、ごわごわとなっています。どういう理由か、死体には首から上の頭部がありません。黒い針金のような干からびた臍《へそ》の緒《お》がまだ残っていました。それに、ムッと何とも言えない死臭が鼻をつき、眉を細めたほどです。

どんな動物でも、出産の直前直後は生と死の狭間、一番危険な瞬間です。死んで生まれることもあれば、臍の緒が首に絡まる事故や、栄養状態が悪く死亡することも考えられるからです。結局、サクラのベビーの死因はわかりませんでしたが、死後三、四日と推定しました。ニホンザルに限らず、サルの仲間は死んでしまったわが子を母親がいつまでも手元に置くという話を聞いてはいましたが、現実に私の目の前でその痛々しい光景が展開されていたのです。

サクラは顔のないベビーにグルーミングを始めますが、反応がないためか、すぐに止めてしまいます。いつもなら、わが身につかまるベビーの小さな手の握力を痛いくらいに感じるはずで

どんなにグルーミングをしても反応はない。干からびた足を引き寄せ、困惑するサクラ。どこか祈っているようにも見える。サクラにはわが子の死がどのように映っているのだろうか。

群れの仲間は、死体を持ち歩くサクラ（左）を気味悪がったりせず、普段通り接していた。近くで観察する私には、つんとくる死臭が鼻についていた。サクラ同様、群れの仲間たちも戸惑っていたのだろう。

す。今回はその感触がありません。それに、動きも温もりもなく生きている証しが伝わって来ないのです。いつもと違うベビーの状況にサクラは戸惑っていました。〈ウギャー、ウギャー〉悲鳴とも叫びともいえぬサクラの鳴き声が、風香る緑の森に何回も何回も響き渡りました。

群れの仲間は、死体を持ち歩くサクラを普段と同じように接していました。グルーミングで寄り添うときや岩場で休息するときでも死体や死臭を嫌がることもなく、また、特別に気を使っているそぶりも見せませんでした。

ただ、意外なことに、四歳になったばかりのサクラの息子のメバルだけが、死体を持ち歩くサクラを避け近寄らなかったのです。

その後、ベビーの死体は体毛がなくなり、ミイラ化が進み黒い物体と変わり果てましたが、サクラはまだ持ち歩いていました。時には口にくわえて枝を渡ることもあったのです。ただ、ベビーへの執着が日を追って薄れていたのも事実でした。

　サルは悲しみの感情を持っていないと言われています。もちろん、死とは何かも知らないでしょう。私たち人は、人種、言語、習慣、宗教など、人をとりまく文化や環境が違っていても、別れの儀式を必ず行います。火葬、土葬、水葬、風葬と、葬る方法もさまざまですが、死の意味を知ったからこそ、別れの儀式を必要としたのでしょう。死によって支えられる生の認識、人が動物と大きく違うところです。

ベビーの体は日増しに黒い物体へと変化していったが、宝物のように大事に大事に扱うサクラ。口にくわえて枝を渡ることもあった。

サクラは結局、一カ月近くも変わり果てたわが子を持ち歩き、ようやく手放しました。いつ、どこで、どんな状況で放棄したのかは不明ですが、サクラの困惑の春が終わったのです。

この間に、同じA87群のクルミにオスのベビーが誕生していました。わが子を失ったサクラは、このクルミのベビーに強い関心を示し始めたのです。わが子の面影を見たのでしょうか？

クルミへのグルーミングの回数も急に増え、そばにいる時間が長くなりました。しかし、お目当てのベビーはクルミの胸にしっかりと抱かれ、積極的に振る舞ったものの、サクラは一度もクルミのベビーを手にすることはありませんでした。

また、サクラの身体に、ある変化が現れました。初夏、下北のサルたちはすっきり爽やかな夏毛へと変身しますが、サクラの夏姿は異常でした。全身の毛が大量に抜け落ち、特に、脇腹は肌色と薄青色の地肌が透けて見えるほ

ミイラ化が進み、布きれのように変わり果てたサクラの子。1カ月間持ち歩いた。

この夏、気の毒なくらいサクラの毛がわりはみすぼらしかった。全身の毛が抜け落ち、覇気もなく、まるで病人のようだった。彼女の心身が回復するには、どのくらいの時間がかかったのだろう？

ど。顔や頭も脱毛が進み、爽やかというよりも、みすぼらしく惨めなくらいの毛がわりだったのです。身体の線も細く、小さく見えます。それよりも心配だったことは、サクラに生への覇気が感じられなかったことでした。

ふつう、ベビー持ちの母ザルは換毛が進まず、夏でもふさふさの毛でいることがよくあります。ベビーに栄養を取られ代謝が進まないからだとの説もありますが、出産や育児で分泌されるホルモンが毛がわりを抑制するとも考えられます。サクラの場合、予期せぬベビーの死でホルモンのバランスが大きく崩れ、今までにない毛がわりになったと、私は推測しています。ベビーの死は、こんなところにも影響していたのです。

翌年、サクラはメスのベビーを出産しました。その後も五頭のベビーに恵まれ、A87群の個体数の増加に貢献しています。

サクラは、あの春の悲劇を覚えているのでしょうか？

# 第９章　サルを撮る

## フィールドサインを見逃すな

「サルを探す」この作業は、観察や写真撮影を行ううえで最も基本的なことですが、実はこれが案外難しいことなのです。

むやみに森へ入っても、すぐにサルに巡り会えるわけではありません。下北のサルの群れでは、一〇キロメートル四方と、かなり広い範囲を遊動域としている群れもいるからです。野猿公園のように餌づけしている群れなら、餌場で待てばサルと簡単に対面できますが、野生のサルとなればそう簡単なことではないのです。ただ、この困難や難しさが、野生のサルの魅力ともいえるのです。

サルを探すコツは、彼らの生活の痕跡を発見することから始まります。この「そこにいた証拠」をフィールドサインと呼びますが、これを見極めることがサルとの出会いの近道です。ただ、これがなかなか一筋縄ではいかないのです。

鳴き声やバサバサと枝が揺れる音は、サルがすぐ近くにいる証拠ですが、実際に目撃するまで油断なりません。山には鳴きまね名人のカケスがいるからです。本物のサルの鳴き声とは微妙に違いますが、この違いが区別できればしめたもの。カケスは飛びながら鳴くことが多いため、鳴き声が谷間を渡ります。サルではあり得ない鳴き声の移動です。

それに、風の音もなかなかのくせ者。特に冬、風で樹がきしむ音が、時にはサルの声に聞こえることもあるのです。また、サルの鳴き声は、三〇種類とも四〇種類とも言われ多種多様で、キツネや野犬の鳴き声とよく似ていて紛らわしいことだってあるのです。鳴き声を聞き分けることは、サルに出会える重要なポイントなのです。

フン、足跡、食痕などは、サルが、いつごろ、どこで、何をしていたのかの手掛かりとなります。「うわぁ、汚い！」と敬遠されるフン。しかし、この落とし物にはさまざまな生活の情報が隠されています。大きさ、形、色、匂いと季節によって、フンにも特徴がありますが、その時々の食べ物はもちろん、健康状態まで知ることができます。

そんなサルの暮らしの一端を物語るフンですが、不覚にも踏み付けることがあります。靴底についたフンがいつまでも匂い、鼻につく臭さに包まれます。靴底についたフンに気づかず車に乗ると、アクセルやブレーキ板にフンがつき、車内がサルのフンの匂いで充満し我慢できないこと

いろいろなフィールドサイン。雪面をオレンジ色に染めるオシッコ、その周辺に散乱する多量のフン（上）。ヤマグワの樹皮を齧った跡（中）。サル数頭分の足跡（下）。いずれも、サルたちが「そこにいた証拠」だ。

ヤマグワの若葉を食べるニホンカモシカ。森の仲間はサルだけじゃない。ほかの動物たちとの出会いもまた楽しい。

もしばしば。いくらサル好きの私でも、これには閉口してしまいます。特に、春から初夏のフンが要注意、匂いも格別です。柔らかな草花を食べるからでしょう。反面、樹皮や冬芽が主食になる冬のフンは、コロコロとして頑固そうで、匂いも薄く汚くありません。

また、フンの新旧の判定も重要です。乾燥や色で判断しますが、気象条件で変化の程度も異なり、日頃の天候にも注意を払わなければなりません。真夏の炎天下、フンの乾燥は早く表面が黒くなり、一見古いフンと見間違えますが、中を割って調べてみると、緑色でまだまだ柔らかく新鮮なフンのこともあるからです。

雪国ならではのフィールドサインに足跡があります。雪のない季節でも、湿った土に足跡が残ることもありますが、やはり足跡といえば冬に限ります。

サルを探しに雪山に入り、雪面に重なり合う新しいサルの足跡を発見すれば、寒さや疲れも吹っ飛びます。この足跡の先にサルがいるとなれば、こころも浮き浮き、自然と早足になるほど。新しい足跡は他の動物と間違えることはありませんが、古いものは五本の指の跡も消え、ウサギの足跡と見間違えることもあります。

積雪の状況は、サルの情報を得るうえで重要なポイントになります。降り積もる雪が古い情報を消し、真っ白なキャンバスを作り出します。その上に描かれる足跡やフンは、最も新鮮なもの。

かんじき（右）。つけて歩けば、ほらこの通り、深い雪だってへっちゃら（左）。冬の山歩きの必需品。

雪の降り始めと降り終わりの時間のチェックは、冬のフィールドワークの基本なのです。

双眼鏡、地図、筆記用具、防寒服と、冬のサルの観察に必要なものですが、もう一つ、なくてはならないものがあります。かんじきです。

かんじきは、足が雪の中に埋もれるのを防ぐため工夫されたもの。木の枝やつるを束ね輪にし、靴の下に装着します。これがないと、ずぼっずぼっと、片足ごとに雪の中にもぐり、一〇〇メートルも歩けません。腰まで埋まると、脱出するだけでくたくた。足や腰を痛めることにもなりかねません。かんじきは、雪上を歩く簡単な道具ですが、雪国に暮らす人々の知恵が窺える優れものです。

雪面の移動のコツ、雪国育ちの人なら経験あるでしょう。先頭の人が通った後が、楽に歩けることを。かんじきを持たないサルですが、ちゃっかり同じ方法で移動します。大小重なり合う足跡から、サルの抜け目のなさ、したたかさが伝わります。サルもなかなかやるものですね。

ヤマグワやアオダモの樹皮を齧った跡や、イタヤカエデやオヒョウの若葉を食い散らかした跡など、サルならではの食事の跡、いわゆる食痕もフィールドサインの一つです。ほかに、尿、泊まり場、匂い、それに交尾季の白く固まった精液も含まれます。

純白の雪面を褐色に染めるサルの尿はよく目立ちますが、排尿直後は薄い黄緑色をしています。時間の経過とともに、まるで血尿のように変色するのです。でも心配無用、サルは病気ではありません。

冬場、そんな排尿の跡や多量のフンが、ヒバやスギといった針葉樹の下の雪面に残っている場所があります。この樹の枝でサルたちが一夜を明かしたことの証明で、ここがサルの泊まり場なのです。

サルを求め山々に分け入りますが、いつでもサルに出会えるとは限りません。たとえ、サルとの対面がなくても、フィールドサインを調べることで、サルたちの暮らしが見えてきます。サルが、どこに行ったか、何をしていたのか、あれやこれやと思いを巡らし推理することも、また楽しいことなのです。

## 自由と誇り

毎日毎日、サルたちと接していると、写真が撮れなくなるときがあります。何をどう写していいのかわからなくなるのです。友達のように慕っているサルが意地悪をして、私から遠ざかるからではありません。目の前には彼らの日常が、ごくふつうに繰り広げられています。

そんな調子の出ないとき、「おっちゃん、少し休んだら」と、サルの声が聞こえてきそう。カメラをリュックに詰め戻し、撮影も観察も一時中断、まるで群れの一員として彼らと共に過ごしま

ふと足元に目をやると、ヒキガエルがのっしのっしと歩いていた。スミレの花も咲いていたのに、踏みつけるところだった。サルの撮影や観察に調子が出ないとき、いつもは見過ごしてしまうものを発見したりする。

す。足元の小さなスミレや、大空高く旋回するクマタカなど、思わぬ発見をするのもこんなときです。写真は撮れませんが、大自然に抱かれこころが洗われる至高のとき、フィールドワークの醍醐味なのです。

また、雪の寒さ、雨の冷たさ、風の苦しさ、そして、夏の暑ささえ、サルと共有していると、彼らは次第にこころを開き、ありのままの姿をさらけ出してくれます。私がサルを一頭一頭識別するように、サルも人を見分けているのです。

サルの魅力をいかに写真で表現するか。ここ数年、私が思い悩んでいるテーマです。自然に抱かれ自由に生きる、それに、野生だからこその誇り、この自由と誇りが下北のサルの魅力です。そして、この魅力をより一層引き出すのが、彼らの表情の豊かさにあるのです。人に最も近い動物だからこそ、動作にも顔の表情にも人間臭さが垣間見られるのです。

怒り、恐れ、驚愕、不安、いらだち、楽しみ、満足、喜び、甘えと、サルのしぐさや表情も多種多様です。これらが複雑に絡み合い、サルのこころの深さ、広さを表出します。ただ、笑いと泣きだけは、下北のサルからは見い出すことができませんでした。ニホンザルは、笑わない、そして泣かない動物なのです。

大笑い、高笑い、苦笑い、あざ笑い、微笑と、人の笑いもさまざまです。悲しくもおかしいときは泣き笑い、恥ずかしいときにははにかみ笑いと、人は笑いを使い分けています。笑いは、人だけが持っているこころの表出ですが、チンパンジーやオランウータンも笑うと聞きます。なるほど、チンパンジーは研究者の間でチンパン人、オランウータンはマレー語で森の人と呼ばれるくらい知能の高い霊長類。笑う姿は、何も不思議なことではないでしょう。しかし、ニホンザルには笑いはありません。笑い顔も笑い声も、一度たりとも見たことがないのです。

「ウフッ」サルの観察を通して、私のほうが思わず笑ってしまった場面がありました。「サルも木から落ちる」達人も時には失敗する、油断大敵のたとえですが、実際にサルも木から落ちます。葉が落ちた冬枯れの木でよく起こります。バキッ、ドスン。木登りが得意な若者ザルが、こともあろうに一〇メートルもの高さの枝から落ちたのです。「あっ！」と心配しましたが、一メートル以上の積雪に埋もれただけで無傷でした。元気な姿に一安心した私は、次の瞬間笑ってしまいました。

落下ザルは、キョロキョロと周辺を見回し、自分の失敗がなかったように振る舞ったのです。そのバツの悪そうな姿に、私は笑いがこぼれました。ただ、近くでその一部始終を見ていたサルたちには、笑いはありませんでした。

また、枝から枝への追っかけっこ、落ち葉の上でのレスリングと、子ザルの遊ぶ姿には微笑ま

２歳の子ザルが上空を見つめる。「空って高いなぁ」とか「あの雲はどこまで行くのだろう」と考えているのだろうか ？　いやいや案外「何かおいしいものが落ちてこないかなぁ」が本音かもしれない。

しさを感じますが、そばでグルーミングを受ける母ザルには、優しい眼差しはあるものの、微笑みはありません。

ブゥーゥ、プゥー。サルのおならの音です。人のこどもでは、指をさして笑い転げる場面でも、サルは全く平気、平然としています。おならの音や匂いにも無関心、笑いはありません。

笑いと同様に、サルの泣く姿や泣き声も、見たことも聞いたこともありません。すすり泣き、肩を震わせる、嗚咽をもらす、人の泣く姿もまちまちですが、ニホンザルの世界では涙すら見たことがないのです。

交通事故による母ザルの死、取り残されたベビー。また、予期せぬベビーの不慮の死、戸惑う母ザル。生と死のドラマには筋書きはありません。私たち人では号泣する場面です。もらい泣きもきっとあるでしょう。しかし、突然訪れる不幸にも、サルは泣かないのです。我慢しているからではありません、強いこころだからでもありません。むしろ、サルには悲しみや哀れみの感情がないように思えてきます。

表情豊かなサルなのに、笑いと泣きがなぜないのか。サルのこころを追及し、研究したい私にとって興味深いテーマです。むしろ、なぜ、人は笑いや泣くといったこころの表出を獲得したのでしょう。サルから人への道のりを解明する大きな手掛かりに思えてなりません。

## 自然体で近づこう

抜き足、差し足、忍び足。そろりそろりと接近することが、サルに刺激を与えず配慮ある行動と思っていました。しかし、この気配りが、あだとなる場合があるのです。子ザル、それもベビーには全く逆効果。〈ケッ、ケッ、ケッ〉注意深く近寄る私が、よほど怖かったのでしょう、ベビーの甲高い鳴き声です。これでその場の空気が一変、母ザルをはじめ周辺のサルたちから総攻撃を受ける事態になったのです。

考えてみれば、人間社会でも四、五歳のあどけないこどもに、おじさんが意味ありげに近づけば、気持ち悪く不安で泣き始めるこどももきっといるはず、サルも同じなのです。

ここ下北には、北限のサルを一目見ようと、遠方からモンキーウォッチャーがやって来ます。迷彩服に身を包む人、望遠レンズにこだわる人、それぞれが自分流のサルとの接し方で写真撮影や観察を楽しんでいます。

私のサルの観察・撮影のときの服装は、何も特別な恰好をしていません。普段のままの服装で山に入ります。もちろん、酷寒の冬季は毛糸の帽子や手袋、オーバーズボン、オーバーヤッケと、防寒具は必需品です。ポイントとしては、四季を通して長靴を使用していることです。山や森を

自然体で近づけば、彼らは私のことなど気にしない。目の前でこんな大胆なグルーミング姿を見せてくれる。

歩くため、しっかりとした足元の軽登山靴などのほうが安全と思われがちですが、ばしゃばしゃと小さな川も難無く渡ることができ、それに何より軽量で足に負担がないことが助かります。フィールドワークにおいて、長靴は隠れた優れものです。

私が獲得したサルとの接し方の極意は、ふつうに振る舞い自然体でいることなのです。近寄りたいときには近寄り、距離をおきたいと思えば離れればいいのです。サルが本当に嫌なときは、彼らは黙って逃げます。それに、サルが一番注意を払う相手は人間や野犬ではありません。サルにとって、仲間のサルの動向が最も気掛かりなのです。

とは言っても、逃げ場のない森の中での強烈な威嚇は、たとえ慣れていてもいい気はしません。ただ、サルが威嚇をするには、それなりの理由や彼らの言い分があるからです。その気持ちさえ理解し認めてやると、サルたちは自然な姿をさらけ出してくれます。サルの側から関心を示し、近寄ってくることもしばしば。こうなれば、しめたもの。サルとの距離はもちろん、こころの距離までもが縮まるようで、サルをより身近に感じられるのです。

サルの撮影には、やはり観察力が決め手になります。サルの今の気分を察し、次の行動を読む。ここぞというシャッターチャンスは、時間を後追いしていては間に合いません。決定的瞬間は、待っていてくれないのです。この洞察力は、サルの観察の経験と数多くの失敗によって培われますが、決定的瞬間ばかりに熱中すると、ついつい肩に力が入り冷静さを失ってしまいます。「いいなぁ」と思って、撮った写真が「なに、これ」と納得がいかないことも度々。写真の奥の深さと自分の技術のなさを痛感し、自分自身に腹を立てることになります。

また、サルの何を撮りたいのか、何を伝えたいのか、ということも、基本的なことですが重要です。可愛いしぐさや表情の豊かさ、動きの素早さ、群れ生活の楽しさ、したたかさや人間臭さなど、サルの魅力もさまざまです。サルが持つ神秘性に惹かれた人もいるくらい。当然写真の狙

ヒメホテイラン（上）とクマガイソウ（下）。自然破壊や盗掘により絶滅が心配される草花だが、下北の森にはまだまだ生き残っている。その豊かな自然を決して失ってはならない。

森のにおいや、ざわめき、風の音、そして雰囲気。北国の“今”を記録し、伝えていきたい。

いも違ってきますし、撮り方にも工夫が求められます。この着眼点の鋭さが、写真のいのちとも言えるでしょう。

サルの写真撮影するうえで、心掛けていることがあります。それは、サルの姿だけでなく、彼らの生息環境も写真で残しておきたいのです。絵葉書のようなポートレートや表情豊かな顔のアップも撮りたい写真ですが、それ以上に彼らの暮らす北国の森の今を記録しておきたいのです。サルの食べ物となる木や草、グルーミングや休息場となる岩場、子ザルが水遊びに興じる小さな沢の流れ、それに、空気や風、匂いさえも、できることなら記録し、伝えたいのです。

また、適正露出でピントもシャープな美しい写真も素敵ですが、少々暗くても雰囲気のある写真、なるほどこれが下北のサルかと実感できる写真、そして、はるばる北の半島に移り住んだ私にしか撮れない写真。少々欲張りですが、このような視点で自分流の写真にこだわっています。

サルの写真は、大自然に抱かれる彼らを写し撮った時間の薄片に過ぎません。シャッターを切った瞬間から過去の記録です。ただ、この一片一片の記録から、感動し、発見し、そして想像してもらえれば、最高！

より正確で、より美しく、より本質に迫る記録も写真の使命ですが、できれば記憶に残る写真も撮りたいものです。

# 第10章　サルのこころ、人のこころ

## サルあれこれ問答

世界最北限のサルとして有名な下北半島のサル、毎年多くの人々がその姿を観察しようと、ここ脇野沢村を訪れます。雪国のサルの暮らしの秘密を探る研究者、サルの今の状況を調べる調査員、人とサルとの接点いわゆる猿害の現状とその対策を模索する関係者、報道関係者や写真愛好家、それに、ふらっと観光で立ち寄った人たち、彼らが運よくサルと出会うことも珍しくありません。

時間の経過を忘れるほどのサル談義から立ち話まで、時には熱っぽく、時には冷静に会話を楽しみました。ただ、あまりにも不誠実な態度や姿勢の人には、できるだけ不親切に接したこともありました。

「全部で何匹いるのですか？」

――この群れは六〇頭ぐらいです。

「下北には何匹いますか？」

――一七群、七五〇頭ぐらいですが、もう少しいるかもしれません。

「そんなにいるのですか、じゃあ、絶滅はしませんね」

――人が捕獲や駆除をしない限り、すぐには絶滅はないと思います。

「日本全体では何匹いますか？」

――はあ、見当もつきません。たぶん誰もわからないでしょう。

カメラを向けるモンキーウォッチャーたち。野生のサルとの出会いにはこころときめくものがある。

「サルは何を食べているのですか?」

——季節によって違いますが、主には葉や花、それに果実などの植物です。時には昆虫も食べますよ。

「じゃあ、冬場はどうしているんですか?」

——樹の皮や冬芽を食べます。それに、キノコや貝など、けっこう冬でもサルの食べ物はあるんですよ。

「どのサルがボスですか?」

——野生のサルの群れにはボスザルはいないんですよ。

「えっ、サルの群れにはボスがいるんじゃないのですか?」

——動物園やサル山公園のように、人から餌をもらうようになったサルに、ボスザルが出現するんですよ。

「この群れも、もし餌づけをするとボスが出てくるのですか?」

——たぶん、そうなります。

「あの大きなオスで何歳ですか？」

――正確にはわかりませんが、二〇歳以上になっていることは確かです。

「何歳でおとなになるのですか？」

――メスは五歳になったばかりの春に出産します。オスの場合は、五、六歳で身体はおとなになっていますが、実際に交尾ができるかは不明です。

「サルの寿命はいくつですか？」

――三三歳まで生きたメスザルがいましたが、全部が全部三〇歳まで生きるわけではありません。むしろ、三〇歳まで生きるサルは珍しいことです。

「サルも一年経つと一歳ですか？」

――えっ、もちろん。

「サルを探すのは難しいでしょうね」

――毎日毎日出会っていると、見当はつきますよ。もちろん、運も必要ですが。

「前にも一度、ここでサルを見たのですが、このあたりにサルの巣があるのですか？」

――はぁ、サルの巣なんてありませんよ。たまたま同じ場所で出会っただけですよ。

「山の中でサルと出会って怖くありませんか？」

――以前は怖いこともありました。でも、今はもう。

「咬まれたことがありますか？」

――私はありませんが、仲間が咬まれたことがあります。

「大怪我になったでしょう」

——そうでもありません、歯型が青たんで残るぐらいです。

「痛いでしょうね」

——たぶん、ただ、痛さよりもサルに咬まれたショックのほうが大きいようでしたよ。

下北半島といえばサル。世界最北限のサルは何もない北の半島のシンボルのような存在だ。

「やはり、サルと目を合わせてはいけないのでしょうね」

——そんなことないですよ、むしろサルの顔を見て、睨んでやってください。それくらい落ち着いていれば心配ありません。人を咬むサルは決まっていますから。

「一日中、サルを見ていて飽きることがありませんか？」

——飽きることもありますよ、もうあなたは飽きましたか？

「グルーミングばかりしていて変化がありませんからね」

——気持ちよさそうじゃないですか。

「グルーミングもいいんだけれど、子ザルが遊んでくれたら写真になるのになぁ」

——しばらく待てば遊ぶかもしれませんよ。そんなに都合のいいことばかり望めませんよ。

「ここのサルは温泉に入らないのですか？」

——入りませんよ。脇野沢にはサルが入れる温泉がありませんし、たとえ露天の温泉があったとしても、きっと入

死体を見つけた。木の根元で眠っているような安らかな顔だった。母親とはぐれ、見知らぬ群れで懸命に生きようとした「モモ」という名の赤ん坊ザルだった。

らないでしょう。

「でも、どこかのサルは温泉に入るじゃないですか？」

——長野県の地獄谷のサルが温泉に入りますが、あそこだけですよ、温泉ザルは。

「日光サル軍団のように下北のサルにも芸を仕込んだらどうですか？」

——はぁ……。

「サルの死体を見たことがありますか？」

——ええ、あります。ただ、十数年サルを見ていて、滅多に見つかりませんよ。

「なぜですか？」

——はっきりとはわかりませんが、あまり死なないんじゃないですか。それに、私が死体を見つける前にキツネやアナグマなどが巣に運ぶこともあると思います。

「仲間が死ぬと、他のサルはどうしますか？」

——何もしません。ふつうに暮らしています。ただ、生まれてすぐ死んだ場合は、母親が死体を持ち歩くこともあります。

「どんなことでサルは死にますか？」

――老衰もあれば、事故や病気、それに今ではもうありませんが、畑の防護用のネットに絡まって死ぬこともありました。

「交通事故もありますか？」

――ありますよ。今までに三例あり、二頭が事故死しました。

「一日にどのくらい移動しますか？」

――季節によって違います。六キロメートルも移動することもありますが、全く動かないことだってあるんですよ。冬ですけれど。

「冬は辛いんでしょうね？」

――うぅ〜ん、私はそう思いませんが、辛いのかもしれません。

「ハナレザルっていますよね」

――はい。いますよ。

「なぜ、群れから離れるのですか？」

――理由はよくわかっていません。

「集団から離れ、一人になりたい気持ち、わかるなぁ」

――はぁ、そうですか。

「なぜ、メスザルは離れないのですか？」

――わかりませんが、群れで生活するほうが子育てに都合がいいからじゃないかなぁ。

「今でもサルは畑に入っているのですか？」

――以前ほどではありませんが、何頭かは入ることもありますよ。

遊動の途中、集材場に立ち寄ったサル。高く積まれた材木を見つめ、すみかの森の破壊を嘆いているのかも。

「農家の人、怒っているでしょうね」

——そりゃ、そうですよ。

「電気柵も効果がないのですね」

——いや、メンテナンスさえちゃんとやると、かなりの効果はありますよ。

「人には危なくないのですか？」

——ビリッときますが事故にはなりません。触ってみてはいかがですか。

「い、いいです」

「もっと効果のある猿害対策はないのですか？」

——あったら教えてくださいよ。

「やはり、サルが増えたからですかね」

——二〇年ぐらい前と比べると増えていますが、江戸時代からだと減っているのかもしれませんよ。

「なぜ、増えたのですか？」

——天然記念物として保護していることや、昔餌づけしていたこと、それに森林伐採で民家近くまで降りてきたことなど、人にも責任があるんですよ。

「下北のサルは幸せですか？」

——えっ、どうでしょうね。あなたはどう思いますか。

「捕獲されたり殺されたりしないだけでも幸せですよ」

——うぅ〜ん、そうですかね。


といった調子で、何人もの人たちとサルを観察しながら話をしました。中には絶句することもありましたが、サルに対する思い込みや思い入れも人それぞれです。以前はサルの生態に関する質問が多かったのですが、近年になって猿害対策など人とサルとの関係を問題にする傾向があり、人々のサルへの関心も変化しています。

## もしも、サル語が話せたら

動物語を話す医者ドリトル先生の物語は、ヒュー・ロフティングが書き下ろした名作ですが、今なお多くの人々に愛されています。動物と話ができるなんて、もちろん奇想天外な架空の話だとわかっていても、空想力に富みわくわくしてしまいます。動物との会話は、洋の東西を問わず人々の願望なのかもしれません。

もし、私がサル語を話せたら……、想像するだけで胸が高鳴ります。サルの暮らしをもっともっと正確により深く知ることができますし、写真のモデルにもなってくれるはず。「こっち向いて」とか「動かず、そのまま、そのまま」など、写真撮影も今よりずっと楽しくなるでしょう。「近寄

窓越しに家の中を覗くオスザル。人家に侵入して、いたずらすることもある。

らないで！」なんて嫌われることも時にはあるでしょうが。実は、サルに尋ねてみたいことがあるのです。

「なぜ、畑を荒らし農作物を食べるのか？　人間社会では、それは泥棒だぞ」この質問にサルは何と答えるのでしょう。

「ずるくて、ずるくて憎い」根こそぎ引き抜かれたジャガイモを呆然と見つめ、農作業をしていたおばあさんがつぶやいたサルへの憎しみの声です。収穫の喜びを奪い取られたおばあさんは、手も足も出せないサルに対する怒りで顔がこわばっていました。たとえ、私が野生のサルの魅力やいのちの尊さを力説しても、そのすばらしいはずのサルが人間社会に都合の悪い事態を引き起こしていれば、サルに苦しむ人々には私のサル賛歌もざれ言としか映らないでしょう。

「サルも憎いが、研究者や写真家も憎い」陰口ではなく、面と向かって吐き捨てたおばあさんの厳しい一言。私にとって、仕事も自分自身も否定され、辛く悲しい言葉でした。今でもこころに突き刺さり、忘れられません。

「なぁぁ、畑には降りて来るなよ」私の切実な呼びかけも、美味いものが楽に手に入る畑の魅力を知ってしまったサルには届きそうもありません。里に降りたサルたちが、山に還り、森で暮らすことを願いますが、そう簡単に人とサルとがすみ分けができるものではないのです。

山深い森で、ひっそりと暮らしていると、憎まれることも嫌われることもないサルです。一〇〇頭だろうと一〇〇〇頭だろうと、人に迷惑さえかけなければサルが何頭いても構わないと言い切る村人もいます。サルを憎む村人ですが、この思いが本音でしょう。

網やネット、花火にパチンコ、そして、玩具のライフルと、サルを山へ追い上げる方法も次第

狛犬とイトウのにらめっこ？　本村神社は彼らの恰好の遊び場である。

人とサルとの共存をめざし、電気柵を設置する。問題点も多いが、今はこれに望みを託すしかない。

に過激になりましたが、被害はなかなか減りませんでした。困り果てた村は、国や県の援助を得てサルと人とのすみ分けに積極的に取り組み始めました。猿害対策として電気柵を導入したのです。

当初、その効果を疑問視する向きもありましたが、関係者の努力もあり、被害額が激減しました。柵の維持管理を徹底しておけば、高い効果が立証されたのです。村人が収穫の楽しみをようやく取り戻したのです。

電気柵というと、少し危険な気もしますが、触るとビリッとくるだけで、人にもサルにも感電死や火傷といった事故の心配はありません。

人とサルとの絶望的な関わりの中、かすかに見える光のようですが、この柵とてベターではあるもののベストではありません。費用がかかること、設置条件が難しいこと、耐久性にも難があります。

それに、何よりも農家の人たちの心証が問題です。柵の中での農作業を嫌う農家の人たちの気持ちも十分に理解できます。ただ、サルとのすみ分けを模索する中で、電気柵以外のより効果的な対策が見つかっていないこともまた、事実なのです。

草刈りや柵の点検と修理、改良や工夫も当然必要になります。電気の流れていない電気柵には、何の効果もありません。この面倒で手のかかる作業の徹底が、猿害対策が成功するのか、それとも無駄なことに終わるのか、ここ数年が正念場、英知ある人の真価が試される時とも言えるのです。

次代を担う子や孫に、緑あふれる森やそこに育むいのちの数々を残しておきたい、この考えに反対する人は誰もいないでしょう。自然との共生や共存も声高に叫ばれます。しかし現実には、山はえぐられ、森は壊され、都合の悪い野生動物は排除されています。サルも、シカも、カモシカも、それにクマに至っては、人と出会っただけで射殺されています。事前に危険を避けるためですが、豊かで安全な暮らしを求める人の生活が優先され、かけがえのない自然を失ってきたのです。あの崇高なスローガンを夢物語のまま終えてはなりません。

今、まさに今、私たち人と野生動物との関係を真摯に考える大切な時期にきていると思えるのです。時には、人に都合の悪い動物でも、排除するのではなく、同じ風土に生きる仲間として、そっと見守る姿勢を持ちたいのです。野生動物を正しく理解し、認め、節度ある対応が、まず望まれます。彼らの生活、家族、歴史、そして誇り、そんな生きている証しは、一度失うと二度と再生しません。それがいのちだからです。

もしも、サル語が話せれば楽しいに違いありませんが、きっとサルからこう質問されるでしょう。

「なぜ、人は山を削り、森を壊すのか?」と。

サルのすみかは森である。北国下北の森の中で生きてこそ……。

# エピローグ――サルに恋して

「なぜ、そんなにサルにこだわるのですか?」「サルの魅力は?」共によく尋ねられる質問です。私たち人もサルの仲間の一員であることから、サルを知ることが人を知る手掛かりになるとか、サルのしぐさや表情が豊かであるとか、その場その場でいろいろな答え方をしてきました。しかし、どう答えても私のサルへの心情を的確に伝えることは難しく、いつも納得のいかない返答になっていました。人の気持ちを一言で説明することは、結構難しいことです。

近ごろ、ようやく長期間に及ぶサルとのつき合いの中で、彼らにこだわる理由がぼんやりですが見えてきました。理由はいくつかあります。

その一つは、サルが好きということです。好きという言葉は、幼いこどもでも使い分ける簡単な単語ですが、人が人を好きになる、いわば恋愛にも通じる何とも意味深い語彙でもあります。

人が人を好きになると、相手のすべてを知りたくなります。どこに住んでいるのか? 家族は? 仕事は? どんな暮らし? そして、どんな価値観? などなど。その一つ一つを知るたびに、恋に落ちいるのではないでしょうか。私のサルへの思いは、まさに恋。ただ、私からの一方的な恋、つまり究極の片思いです。かなわぬ恋かもしれません。時には盲目的にもなるサルとの関係ですが、冷静に客観視する姿勢も失っていないことを付け加えておきます。

近年、日本各地でサルにまつわるいろいろな問題が生じています。農作物を荒らすとか、人を襲い食べ物を奪い取るとか、市街地まで出没し大捕り物になることもありました。過剰反応、過剰報道ともとれることも少なくありませんが、とかくサルは厄介者にされています。

しかし、その軋轢の原因、いや責任がサルにあるのではなくて、人の側にあることを、私たちは薄々ではあるものの気づいています。山深くまでの開発・森林伐採と拡大造林、安易な餌づけなどなど。サルのすみかや暮らしが、人の都合で左右されてきたことを。私は、そんな嫌われ者のサルを含め、野生で暮らすサルたちの生への誇りを大切にし、のびやかで自由奔放に生きる彼らをいつまでも見続けていきたい、そんな願いも、サルにこだわる一因なのです。

サル専門の写真家を目指すと共に、彼らの暮らしの謎を解く研究者でありたいとも思ってきました。写真家と研究者、両方の立場からの経験をもとにして、北国の豊かな自然に抱かれたサルの暮らし、そして、その実態を正確に伝えたいと思い、この本を書きました。憎悪から慈愛まで、私たちのサルへの思いもさまざまです。気高く、したたかに生きるサルたちの魅力あふれる暮らしを正しく知ってもらうために……。

# あとがき

むかし話や童話の世界では、ずる賢い動物の代表格、憎まれ役の多いニホンザルです。中には、恐い、汚い、臭いと、最悪のイメージを持っている人もいることでしょう。テレビで活躍するサル軍団などで、彼らの高い知能は証明されましたが、難しい芸も難なくこなす彼らの姿に、どこか悲しさ、空しさを感じるのは、何も私だけのことではないでしょう。サルに限らず野生動物は、その暮らしを人に依存するのではなく、大自然の中で自由にのびのびと暮らすのが、一番似合っているからなのです。

また、野生動物について、間違った考えを持っている人もいます。車の窓を開け、道路沿いの動物に餌を投げ与える人を見たことがありませんか。その姿には罪悪感はありません、むしろ空腹を満たせ、役に立てたと思っているようにも見えるほど。しかし、野生動物はしたたかです。一度、楽をすることを覚えると、次から次へと抜け目がありません。その結果、人と野生動物との険悪な関係へと発展していくことにもなるのです。野生に生きることは厳しいことですが、決してひもじいわけではありません。こころない行為が重大な社会問題の引き金になりかねないのです。

下北のサルを追って一五年、関西育ちの私が本州最北の地、下北半島の小さな漁村に移り住み過ぎ去った年月です。村人の知り合いよりもサルの知り合いのほうが多くなったのも事実です。ようやく彼らの輪郭が見えてきましたが、ここに来て、〝何か〟を見落としているように思えてきたのです。母と子、群れの絆、ハナレザル、そして、死。まだまだ私の知らないサルの世界、観察からは見えてこないサルの暮らし。それが、ニホンザルの最も本質的なものかもしれません。いのちある者の根源的なことかもしれません。

何を、どうやって、観察・撮影すれば、この疑問が解けるのか。サルの魅力をどんな写真で表現すればいいのか。そして、いかにしたら、農家の人たちのサルへの憎しみが消え去るのか。私の試行錯誤がこれからも続きます。今までと同様、私との関係をサルたちが認め許してくれる限り……。

本書を出版するにあたり、振り返った記録・記憶の中で、多くの仲間の顔も思い出しました。脇野沢村を中心とした下北半島南西域のサルを調査・研究している下北半島のサル調査会の仲間たち。下北半島北部のサルを対象としているサルの研究者たち。下北のサルを映像でとらえた報道関係者。はるばる遠方からやってきたモンキーウォッチャー。多くの仲間と酌み交わしながら、フィールドワークの醍醐味やサル談義に花が咲きました。時には熱っぽく、時には声を荒らげ、賛同も誤解もありました。ただ、その一つ一つの会話や共に過ごした時間が、私のサルへの思いを増幅させていたのです。サルへの追求心や熱意が持続できたのも、多くのサル仲間に恵まれたからだと感謝しています。

最後に、出版に至るまで数々の的確な助言や指摘をくださった地人書館の塩坂比奈子さんに深く深く感謝します。また、私が下北のサルたちと夢のような時間をこんなにも過ごすことができたのも、動物写真家という経済的に不安定な職業を理解してくれている妻、敦子の協力がなくては実現できなかったと感じています。
そして、今は亡き、ウメ、マンボウ、ブリ、サヨリ、タンゲ、ゴー、モモ、そして名もなくこの世を去った数々のサルたち。君たちのことが本になったんだよ。喜んでおくれ。

松岡史朗

二〇〇〇年一月二十日　一月にしては珍しくみぞれ雪が降る中、ぬくぬくと昼寝をする愛犬エリーの寝息を聞きながら

自宅前にて、著者と愛犬エリー。

| 西　暦 | 年　号 | 群れの頭数 | 事　　項 |
|---|---|---|---|
| 1986年 | 昭和61 | A 2-84群：24頭<br>A 2-85群：13頭 | |
| 1987年 | 昭和62 | A 2-84群：23＋α頭<br>A 2-85群：19頭<br>A 87群：9頭 | 1985年に確認していた当時5頭の小集団を**A 87群**とする。 |
| 1988年 | 昭和63 | A 2-84群：28頭<br>A 2-85群：19頭<br>A 87群：9頭 | |
| 1989年 | 平成1 | A 2-84群：29頭<br>A 2-85群：19頭<br>A 87群：9頭 | サルによる農業被害額約150万円。 |
| 1990年 | 平成2 | A 2-84群：25＋α頭<br>A 2-85群：24頭<br>A 87群：8頭 | A 2-85群の遊動域が源藤城まで広がる。<br>サルによる農業被害額約160万円。 |
| 1991年 | 平成3 | A 2-84群：32頭<br>A 2-85群：30頭<br>A 87群：8頭 | サルによる農業被害額約370万円。 |
| 1992年 | 平成4 | A 2-84群：35頭<br>A 2-85群：31頭<br>A 87群：8頭 | サルによる農業被害額約370万円。<br>A 87群の畑への依存が少なくなる。 |
| 1993年 | 平成5 | A 2-84群：33頭<br>A 2-85群：28頭<br>A 87群：8頭 | サルによる農業被害額約690万円。<br>サル・カモシカ保護並びに被害対策特別委員会が村議会にできる。 |
| 1994年 | 平成6 | A 2-84群：39頭<br>A 2-85群：31頭<br>A 87群：9頭 | 3月、村が文化庁あての捕獲申請書（現状変更申請書）を県に提出。県からの財政援助を得て捕獲申請を取り下げ。<br>電気柵が設置され始める。サルによる農業被害額約420万円。 |
| 1995年 | 平成7 | A 2-84群：42頭<br>A 2-85群：32頭<br>A 87群：12頭 | 電気柵の設置が進む。<br>サルによる農業被害額約110万円。 |
| 1996年 | 平成8 | A 2-84群：48頭<br>A 2-85群：37頭<br>A 87群：12頭 | 革新的鳥獣害防止システム確立事業として、新たに滝山・片貝地区に電気柵が試験的に設置される。<br>サルによる農業被害額約140万円。 |
| 1997年 | 平成9 | A 2-84群：57頭<br>A 2-85群：39頭<br>A 87群：19頭 | 脇野沢村の耕作畑の9割近くまで電気柵が張りめぐらされる。<br>サルによる農業被害額約86万円。 |
| 1998年 | 平成10 | A 2-84群：60頭<br>A 2-85群：35頭<br>A 87群：19頭 | 春先、寄浪・蛸田地区で民家に侵入するサルが出没し、新たなサル問題が発生する。<br>サルによる農業被害額約68万円。 |

※1980年までの情報は『モンキー』No.165、166(日本モンキーセンター)と『下北のサル』(1981年、どうぶつ社)を参考にした。

## 付録１　下北Ａ群の推移

| 西　暦 | 年　号 | 群れの頭数 | 事　　項 |
|---|---|---|---|
| 1960年 | 昭和35 | | 九艘泊の畑に姿を見せ始める。 |
| 1963年 | 昭和38 | 15頭確認(**Ａ群と命名**) | 京都大学の調査(3月)。サルの餌づけ始まる。 |
| 1964年 | 昭和39 | 17頭 | 文化庁、県がサルの保護増殖費の援助を開始。 |
| 1965年 | 昭和40 | 22頭 | 餌場を九艘泊から貝崎に移す。 |
| 1966年 | 昭和41 | 25頭 | |
| 1967年 | 昭和42 | 31頭 | サルの九艘泊の畑荒らしが再び問題になる。 |
| 1968年 | 昭和43 | 38頭 | 下北半島が国定公園に指定される。 |
| 1969年 | 昭和44 | 42頭 | |
| 1970年 | 昭和45 | 42頭 | 「下北半島のサルとその生息地」が天然記念物として公示される。サル被害が九艘泊から芋田へ拡大。 |
| 1972年 | 昭和47 | 55頭 | 野外博物館構想に基づき、九艘泊に遊歩道、展望台、標識、案内板などを整備。 |
| 1975年 | 昭和50 | 85頭 | サル被害が芋田から蛸田へ拡大。 |
| 1976年 | 昭和51 | 96頭 | 給餌量大幅に減らす。 |
| 1977年 | 昭和52 | 105頭 | |
| 1978年 | 昭和53 | 116頭<br>**群れの分裂** | 分裂（７月)に伴ってサルの被害が一気に広域化。<br>貝崎にニホンザル展示館が完成。 |
| 1979年 | 昭和54 | Ａ１群：68頭<br>Ａ2群：46頭 | **Ａ１群再び分裂(12月)→Ａ３群**。<br>農協が文化庁、環境庁、林野庁へ猿害防止の陳情。 |
| 1980年 | 昭和55 | Ａ１群：84頭<br>Ａ2群：60頭<br>Ａ3群：10頭 | 分裂群の猿害が大きな社会問題となる。<br>主群(Ａ１群)への大量給餌を再開。 |
| 1981年 | 昭和56 | Ａ１群：93頭<br>Ａ２群：59頭<br>Ａ３群：9頭 | ４月、村がサル捕獲申請を、県を経て文化庁に提出。７月、Ａ２群、Ａ３群を対象に国が許可。12月、Ａ３群７頭を捕獲。A2群捕獲失敗。 |
| 1982年 | 昭和57 | Ａ１群：84頭<br>Ａ２群：56頭<br>Ａ３群：8頭 | 1月、Ａ３群2頭捕獲。3月、保護オリからＡ３群9頭脱走。村がＡ１群の捕獲を申請。Ａ２、Ａ３群を残すという条件で国が許可。７月、Ａ１群73頭を捕獲。 |
| 1983年 | 昭和58 | Ａ２群：62頭<br>Ａ３群：14頭 | 1983年から84年にかけて A1群の取り残しを捕獲という名目で A2、A3 群の捕獲が始まる。A2、A3群は群れとして機能せず個体数、遊動域共不安定な状態となる。捕獲した A2、A3群を県下の病院、温泉、小動物園へ譲渡。その他のサルは脇野沢村北部海峡ラインへ放棄。 |
| 1984年 | 昭和59 | Ａ２-84群：21頭 | 個体数・遊動域ともに不安定な状態が続く。 |
| 1985年 | 昭和60 | Ａ２-84群：24頭<br>Ａ２-85群：８頭 | |

| 草本 | | | | | | |
|---|---|---|---|---|---|---|
| 科 | 種 | 部位 | 春 | 夏 | 秋 | 冬 |
| ユリ科 | カタクリ | 花 | □ | | | |
| | エゾニラ | 茎 | △ | | | |
| | | 種子 | | ▲ | | |
| | | 葉 | □ | | | |
| | チゴユリ | 果実 | | ▲ | | |
| | | 葉 | ▲ | | | |
| | ノビル | 葉 | △ | | △ | |
| | | 球芽 | | ▲ | | |
| | マイヅルソウ | 果実 | | ▲ | ▲ | |
| カヤツリグサ科 | スゲ属 | 茎 | △ | △ | ▲ | |
| | | 花 | ◎ | | | |
| | | 種子 | ◎ | △ | | |
| | | 葉 | ○ | | △ | ○ |
| イネ科 | イヌムギ | 種子 | | ○ | | |
| | ススキ | 葉 | □ | | | ▲ |
| | | 茎 | ○ | □ | ▲ | ○ |
| ガマ科 | ガマ | 葉 | | | ▲ | |
| セリ科 | アマニュウ | 葉 | △ | | | |
| | | 茎 | △ | ○ | | |
| | エゾニュウ | 茎 | □ | ○ | ▲ | |
| | ヤブニンジン | 種子 | | △ | | |
| | | 葉 | △ | ▲ | | |
| ウコギ科 | ウド | 茎 | △ | □ | | |
| マメ科 | クズ | 花 | | ◎ | | |
| | | 種子 | | | △ | ○ |
| | | 樹皮 | □ | | □ | ◎ |
| | | 冬芽 | ▲ | | | △ |
| | | 葉 | | ◎ | △ | |
| | シロツメクサ | 花 | | □ | | |
| | | 茎 | △ | △ | | |
| | | 地下茎 | ○ | ▲ | □ | □ |
| | | 葉 | ○ | ◎ | △ | △ |
| | ヤブマメ | 種子 | | | ▲ | ○ |
| | ヌスビトハギ | 花 | | ▲ | | |
| | | 種子 | | | △ | |
| メギ科 | キバナイカリソウ | 花 | □ | | | |
| | | 葉 | ▲ | | | |
| タデ科 | イヌタデ | 花 | | | △ | |
| | ギシギシ | 葉 | | | △ | |
| | | 新茎 | ▲ | | | |
| | ミズヒキ | 花 | | □ | ▲ | |
| キク科 | アキタブキ | 地下茎 | ▲ | | | |
| | | 花 | ▲ | | | △ |
| | | 花茎 | □ | | | |
| 科 | 種 | 部位 | 春 | 夏 | 秋 | 冬 |
| キク科 | アザミ属 | 花 | | △ | | |
| | | 茎 | | ▲ | ▲ | |
| | | 種子 | ▲ | △ | ○ | □ |
| | | 葉 | ○ | ▲ | ▲ | △ |
| | セイヨウタンポポ | 花 | ○ | | | |
| | | 茎 | ○ | | | |
| | | 種子 | ▲ | | | |
| | | 葉 | △ | △ | ▲ | |
| | ノゲシ | 花 | | △ | | |
| | | 茎 | | △ | | |
| | | 葉 | | △ | | |
| | モミジガサ | 葉 | □ | | | |
| | ヤブレガサ | 葉 | □ | | | |
| ウリ科 | アマチャヅル | 果実 | | | ▲ | |
| | | 葉 | | △ | | |
| アカネ科 | クルマバソウ | 種子 | | ▲ | | |
| | | 葉 | | | | △ |

| 動物質 | | | | | | |
|---|---|---|---|---|---|---|
| | | 部位 | 春 | 夏 | 秋 | 冬 |
| 昆虫 | アキアカネ | | | ▲ | ▲ | |
| | アワフキムシ | | ▲ | ◎ | | |
| | イタドリハムシ | | △ | ○ | | |
| | イナゴ | | | | ▲ | |
| | メイガの幼虫 | | △ | ○ | | |
| | セミ | | | △ | | |
| | ガ | | | | ▲ | |
| | ヨコバイ | | ▲ | | ▲ | |
| | カマキリの卵 | | | | | △ |
| | シラミ | | ◎ | ◎ | ◎ | ◎ |
| クモ類 | フクログモ | | △ | | | △ |
| 両生類 | カエルの卵 | | ▲ | | | |
| 軟体動物 | 貝(アサリ、タマキビなど) | | △ | △ | △ | □ |
| | カタツムリ | | ▲ | ▲ | | |
| 節足動物 | ヨコエビ | | □ | △ | ◎ | □ |

| その他 | | | | | | |
|---|---|---|---|---|---|---|
| | | 部位 | 春 | 夏 | 秋 | 冬 |
| | スギナ | 葉 | ▲ | ▲ | | |
| | シダ類 | 葉 | △ | | ▲ | △ |
| | 海藻類 | | □ | △ | △ | ○ |
| | キノコ類 | | △ | ▲ | ○ | ◎ |
| | 地衣類 | | ▲ | | | △ |
| | 雪 | | | | | △ |
| | 土 | | ▲ | △ | ▲ | |

※下北半島のサル調査会『下北半島のサル── 1998年度(平成10年度)調査報告書』p.71～77から、特に重要と思われる食べ物を100種類抜粋した。

※季節区分……春：３～５月、夏：６～８月、秋：９～11月、冬：12～２月

※判定基準……春夏秋冬、四季を通して、実際にサルが食べている姿を目撃し、食べ物の種類や部位を記録した。そして、採食に費やす時間、採食の回数、採食する量から、食べ物に対する嗜好性や執着度を大まかに判定した。フンや食痕からのデータは考慮せず、直接観察で得られた結果だけから判定した。

◎：大好物。執着度が極めて高く、季節を代表するサルの食べ物。

○：よく食べる。執着度は弱いものの嗜好性は高く、サルが好む食べ物。

□：あれば食べる。執着は見られず嗜好性も高くないが、あれば食べる程度。

△：まれに食べる。嗜好性は低いものの、時々なら食べる。採食量も回数も少ない。

▲：ごくまれに食べる。ほとんど食べず、口にすることは極めて少ない。

# 付録2　下北南西域のサルの食べ物リスト

| 木本 | | | | | | |
|---|---|---|---|---|---|---|
| 科 | 種 | 部位 | 春 | 夏 | 秋 | 冬 |
| マツ科 | アカマツ | 種子 | ▲ | | | ◎ |
| | | 樹皮 | ▲ | | ▲ | □ |
| スギ科 | スギ | 葉 | | | | ▲ |
| イネ科 | チシマザサ | 新葉 | | ◎ | | □ |
| | | 冬芽 | △ | | | ◎ |
| ユリ科 | サルトリイバラ | 果実 | | △ | ◎ | △ |
| クルミ科 | オニグルミ | 果実 | | | △ | |
| | | 種子 | | ▲ | △ | △ |
| カバノキ科 | ツノハシバミ | 種子 | | ◎ | △ | |
| ブナ科 | カシワ | 種子 | △ | | ◎ | ○ |
| | | 樹皮 | ▲ | | | △ |
| | クリ | 種子 | △ | | ◎ | ○ |
| | ブナ | 種子 | □ | △ | ◎ | ▲ |
| | | 樹皮 | | ▲ | | |
| | | 新葉 | ○ | | | |
| | ミズナラ | 稚樹 | □ | ▲ | ▲ | ▲ |
| | | 種子 | □ | | ○ | ◎ |
| | | 樹皮 | | | ▲ | ▲ |
| ニレ科 | オヒョウ | 葉 | ◎ | ○ | | |
| | | 果実 | ○ | | | |
| クワ科 | ヤマグワ | 果実 | | ○ | | |
| | | 樹皮 | △ | | ▲ | ◎ |
| | | 冬芽 | | | ▲ | ◎ |
| | | 葉 | | ○ | | |
| アケビ科 | ミツバアケビ | 花 | ○ | ▲ | | |
| | | 果実 | | ▲ | ◎ | |
| | | 葉 | □ | □ | △ | □ |
| | | 冬芽 | □ | | | ▲ |
| モクレン科 | ホオノキ | 果実 | | | ○ | |
| | | 花 | △ | □ | | |
| | | 樹皮 | △ | | ▲ | ○ |
| | マツブサ | 果実 | | | △ | ○ |
| | コブシ | 果実 | | | ○ | |
| | | 花 | ▲ | | | |
| | | 葉 | △ | ▲ | | |
| マンサク科 | マルバマンサク | 種子 | | △ | ◎ | |
| バラ科 | アズキナシ | 果実 | △ | | □ | △ |
| | | 花 | △ | | | |
| | | 冬芽 | ○ | | | ◎ |
| | エビガライチゴ | 果実 | | ◎ | | |
| | ハマナス | 果実 | | □ | | |
| | ヤマザクラ | 花 | ○ | | | |
| | | 果実 | | ◎ | | |
| | | 樹皮 | ▲ | ▲ | | |
| | ヤマナシ | 果実 | | ▲ | ○ | |
| マメ科 | ハリエンジュ | 花 | | ◎ | | |
| ミカン科 | カラスザンショウ | 種子 | | | ◎ | □ |
| | | 樹皮 | △ | | ▲ | □ |
| | | 冬芽 | | | | △ |
| | キハダ | 果実 | | | ▲ | □ |
| | | 冬芽 | | | | ▲ |
| ニガキ科 | ニガキ | 果実 | | ◎ | | |

| 科 | 種 | 部位 | 春 | 夏 | 秋 | 冬 |
|---|---|---|---|---|---|---|
| ウルシ科 | ツタウルシ | 種子 | | | ▲ | ▲ |
| | | 樹皮 | ▲ | | | △ |
| | | 冬芽 | | | | △ |
| ニシキギ科 | ツルウメモドキ | 果実 | | | ◎ | ○ |
| | | 樹皮 | ▲ | | | ◎ |
| | | 冬芽 | ▲ | | | ○ |
| | マユミ | 新葉 | △ | | | |
| | | 樹皮 | △ | | | ○ |
| | | 冬芽 | △ | | | ○ |
| カエデ科 | イタヤカエデ | 花 | ◎ | | | |
| | | 新葉 | ◎ | | | |
| トチノキ科 | トチノキ | 種子 | | | | ▲ |
| | | 葉柄 | △ | | | |
| ブドウ科 | ノブドウ | 果実 | | | □ | |
| | | 樹皮 | | | | △ |
| | ヤマブドウ | 果実 | | | ◎ | ○ |
| | | 樹皮 | | | | ▲ |
| シナノキ科 | シナノキ | 葉 | | | ▲ | |
| | | 種子 | | | ▲ | |
| | | 樹皮 | | | | ▲ |
| マタタビ科 | サルナシ | 果実 | | △ | ◎ | |
| | | 樹皮 | | | ▲ | ◎ |
| | | 葉 | □ | | | |
| | マタタビ | 果実 | | ▲ | ◎ | |
| | | 虫えい | | ▲ | | |
| | | 葉 | △ | △ | | |
| | | 蕾 | | ○ | | |
| キブシ科 | キブシ | 花芽 | | | | ▲ |
| | | 葉 | | ▲ | | |
| ウリノキ科 | ウリノキ | 果実 | | □ | | |
| | | 花 | | ○ | | |
| | | 葉 | | △ | | |
| ウコギ科 | タカノツメ | 樹皮 | □ | | | ◎ |
| | | 冬芽 | △ | | | △ |
| | | 葉 | ▲ | | | |
| | ハリギリ | 樹皮 | | ▲ | ▲ | △ |
| | | 冬芽 | | | | □ |
| | | 葉 | ○ | | | |
| ミズキ科 | クマノミズキ | 果実 | | | □ | △ |
| | ハナイカダ | 樹皮 | △ | | | △ |
| | | 冬芽 | | | | △ |
| | ヤマボウシ | 果実 | | | ○ | |
| エゴノキ科 | ハクウンボク | 種子 | | | ▲ | |
| | | 冬芽 | | | | ▲ |
| モクセイ科 | アオダモ | 種子 | | | ▲ | △ |
| | | 樹皮 | △ | | ▲ | ◎ |
| | | 冬芽 | △ | | ▲ | ◎ |
| | | 葉 | ▲ | | | |
| クマツヅラ科 | クサギ | 果実 | | ▲ | ▲ | |
| | ムラサキシキブ | 果実 | | | ◎ | △ |
| スイカズラ科 | オオカメノキ | 果実 | | □ | ▲ | |
| | | 冬芽 | | | | △ |
| | ガマズミ | 果実 | | | ◎ | ○ |
| | | 冬芽 | | | ▲ | ○ |

## 写真解説

**《カバー写真》**

表：下北半島の山並みとイトウ（11歳)。1995年1月15日、ヌイド沢源流域にて

裏：ウメの後ろ姿。1992年11月7日、二ノ渡沢にて

**《扉写真》**

A 87群のクルミ親子。1991年5月23日、九艘泊サル橋近くで

**《章扉写真》**

第1章：雪降る空を見上げるハギ。1993年2月12日、九艘泊川右岸ゴジラ岩近くにて

第2章：夕日の中のA 2-85群。1991年5月13日、九艘泊川左岸の岩場にて

第3章：体重測定中のモモタロウ。1994年7月4日、滝山にて

第4章：タンポポの花や茎を食べるサヨリ。1991年5月15日、貝崎にて

第5章：A 87群の若オス。1997年6月11日、九艘泊川中流域にて

第6章：ブリ (右) が積極的にメス (左) を誘う。1992年11月10日、七引橋近くにて

第7章：体を寄せ合い暖をとるハギ一家。左から、ハギ、ベビー、ハヤ、ムギ。1993年2月22日、九艘泊川右岸にて

第8章：30歳を超えたウメ。1994年2月19日、ヌイド沢入り口にて

第9章：雪面にくっきりとついたA 2-85群のサルの足跡。1994年2月6日、辰内沢にて

第10章：昔の餌づけ場、野猿生態観察舎。今は朽ち荒れ果てた建物となっている。1991年2月2日、貝崎にて

ちょっと長めの

## 著者紹介

### 松岡史朗（まつおか・しろう）

**《略歴》**

1954年5月19日、兵庫県宍粟郡山崎町に生まれる。

1977年、麻布獣医科大学獣医学部卒業。獣医師。

1985年から青森県下北郡脇野沢村で、北限のサルの撮影・観察に取り組んでいる。

**《著書》**

『しぜん・にほんざる』（1993年、フレーベル館）

『ひとりぼっちの子ザル』（1994年、講談社）

『アニマ』（平凡社）、『ＳＩＮＲＡ』（新潮社）等で発表多数

共同通信配信で『ようこそ、サルの国へ』を発表（1996年）

**《写真展》**

日本モンキーセンターで「北限のサル」写真展（1993年）

●――― “メガネザル” 私につけられた最初のあだ名です。小学校2年生で眼鏡をかけていることは当時では珍しく、同級生からこのニックネームをもらいました。ただ、私はこの呼び名が気に入らず、不満いっぱいでした。メガネザルが、丸々とした大きな眼の持ち主で、とてもサルには見えず、まるで異星人のような風貌を動物図鑑から知ったからです。私の幼いこころが切なく萎んでいたことを今でも思い出します。

その後時は流れ、世界最北限のサルの観察と撮影のため、下北半島の脇野沢村に移り住むことになりました。「まるで、サルだね」雪深い山でサルの後を追う私に、村人からの声。嘲笑ともとれますが、ちょっと嬉しい気分になります。実は、私はサルになりたいと、密かに思っているからです。

●――― “サルになった男” いつの日か、こんな呼び名で呼ばれたいと願っています。メガネザルとニホンザル、姿形は違っていますが、子供時代あれほど嫌だったサルと名のつくあだ名。今ではむしろサルと呼ばれることを最高の誉め言葉と思うようになりました。

●――― “北国の春” “津軽海峡冬景色” “大阪しぐれ” それに “僕の胸でおやすみ” “銀の雨” などなど。下北半島には、演歌からフォークソングまで、数多くの歌を知っているサルがいます。ただ、どれも正調ではなく変調ですが……。サルといっしょに森の中で過ごしていると、撮影も観察も中止し、共にいる “今” に浸りたくなるときがあります。そんなとき、誰もいない森でサルを観客に私のリサイタルが始まります。振りまでつけて唄う私、サルにとっては迷惑かもしれませんし、「また始まったよ」と呆れているかもしれません。山々に響きわたるほどの大声で唄うのではありません、鼻唄程度のワンマンショーです。

近々、“人生いろいろ” と “いとしのエリー” の2曲を聞かせてやろうと思っています。もちろん、♪エリー、マイラブ♪の「エリー」のところを「ナス」や「イトウ」に変えることは言うまでもありません。

**クゥとサルが鳴くとき**
下北のサルから学んだこと

2000年3月25日　初版第1刷

著　者　松岡史朗
発行者　上條　宰
発行所　株式会社　**地人書館**
〒162－0835　東京都新宿区中町15
電　話　03-3235-4422
FAX　03-3235-8984
郵便振替　00160-6-1532
URL　http://www.chijinshokan.co.jp
E-mail　KYY02177@nifty.ne.jp
印刷所　平河工業社
製本所　イマキ製本


ISBN4-8052-0650-0 C0045

## 森の敵 森の味方──ウイルスが森林を救う

**片桐一正著/四六判/256頁/本体2000円**

森林に農薬はふさわしくない．たとえ害虫と呼ばれる虫であっても，森林の持つ自然治癒力の中で，その被害を食い止めるべきだ．農薬万能の当時から，強固な信念を貫き，森林昆虫とその微生物天敵を中心に，森林の維持管理のあり方を探求してきた一科学者が，現代における森林の考え方をとらえ直す．

## 森林──日本文化としての

**菅原聰編/Ａ５判/308頁/本体3000円**

「森林は単なる自然ではなく，それぞれの風土の中で長い時間をかけて，人間と自然との共同によって創り上げてきた『文化的遺産』である」という視点から選び出した13カ所の森林を，その生態や歴史，役割，土地の人々との関わり合いなど様々な角度から見つめ，新しい森林文化論の構築を試みる．

## サクラソウの目──保全生態学とは何か

**鷲谷いづみ著/四六判/240頁/本体2000円**

環境庁発表の植物版レッドリストに絶滅危惧種として掲げられているサクラソウを主人公に，野草の暮らしぶりや虫や鳥とのつながりを生き生きと描き出し，野の花の窮状とそれらを絶滅から救い出すための方法を考える．保全生態学の入門書として最適．

## 帰ってきたカワセミ

**矢野亮著/Ａ５判/176頁/本体1800円**

大都会の小さな森「自然教育園」にやってきたカワセミに魅せられ，8年間にわたって観察を続けた著者の奮闘の記録．エサ不足の都心でしたたかに生きる都会派カワセミは，雛のためにどこからか金魚(!)を運んでくるという．順調にいった子育ても巣立ちの朝に意外な結末を迎える．

## 大都会を生きる野鳥たち

**川内博著/四六判/248頁/本体2000円**

街なかに誕生した「都市鳥」の生態や行動には，その地域の環境要素が具現化されているだけでなく，ヒトの心や社会の動きまでもが反映されているという．本書は，「社会を映す鏡」として彼らを眺めれば，身近な野鳥もまた違った姿に見えることを著者自身の観察体験を中心に紹介する．

上記の本体価格には消費税は含まれておりません．

## ぼくらの自然観察会

**植原彰著/四六判/224頁/本体1500円**

「何か一工夫」をモットーに，参加者と自然の素晴らしさを発見していく自然観察会を精力的に実施している著者が，楽しい観察会の実例を多数紹介する．自然のことはあまり知らないけど，観察会を開いてみたい，自然の中で知的に遊びたいという人のための役立つノウハウ．

## 学校で自然かんさつ――気楽に楽しく

**植原彰著/四六判/296頁/本体1650円**

学校での自然観察を進める著者が，実践の様子，観察の仕方の工夫，採集・飼育の考え方，校庭改造の指針などを示す．環境教育の必要性を感じながらも，クラスの人数が多い，いい観察地を知らない，自分も自然を知らないなどと悩んでいる先生にお勧め．「まず行動する」ための本．

## いつでもどこでも自然観察

**植原　彰著/四六判/240頁/本体1600円**

公園で街中の川で駅のホームで庭で，日常生活の中でスキーや海水浴などの野外活動で職場の旅行や海外旅行の中で，昼だけでなく夜だって．“自然観察のめがね”でのぞいてみると，「えっ，こんなところにも」という場所でも，「えっ，こんなときにも」という機会にも，いろんな生き物たちの営みが見えてくる．

## いちにの山歩――山を楽しみ自然に学ぶ

**小野木三郎著/四六判/184頁/本体1600円**

都会でも田舎でも，知っているのは言葉だけ．身のまわりの自然への関心の薄い日本の現状を見て，博物館の学芸員である著者がみんなを山へ連れ出した．自然を愛するためには，まず自然を知ること．自分の足で歩くこと．小学生からお年寄りまで，異質異年齢集団がふるさとの山を歩く．

## 田んぼが好きだ！――田んぼに学んだ自然保護

**金田正人著/四六判/168頁/本体1300円**

自然観察指導員の著者は，成り行きで草取りをした信州の田んぼで田んぼの魅力に取りつかれ，三浦半島の谷戸田のそばに移り住み，仲間とともに新しい伝統を創りながら，谷戸田の環境保全活動を進めていくようになる．近年，身近な自然として注目されてきた里山の保全のヒントにもなる活動記録．

## 大学は何を学ぶところか

**桜井邦朋著/四六判/184頁/本体1500円**

18歳人口の減少によって「大学全入時代」が目前に迫っている現在，大学の在り方とそこでの学び方が改めて問われている．研究者および教員として40年以上にわたり大学と関わりを持ってきた著者が，大学で学ぶ4年間を大学生はどう過ごすべきなのか，自らの体験を振り返りながら具体的に考察する．

## 日本のＰＬ法を考える

**杉本泰治著/四六判/248頁/本体1600円**

ＰＬ法(製造物責任法)訴訟は期待されていたほど増えていない．しかし被害者が「泣き寝入り」しているわけではない．著者はその要因を日本の社会における法体系の閉鎖性と，法律家・科学技術者間の構造的乖離現象にあると見る．民法起草者たちの見識は100年間の鎖国的法学によって忘れられてしまったのだ．

## バイオな気分――恋も仕事も子育ても何から何まで生物学

**矢田美恵子著/四六判/216頁/本体1800円**

「オペロン説」「モノクローナル抗体」「ＰＣＲ法」「ハイブリドーマ」など，一度はどこかで聞いたことがあるけれどよくわからなかったこれらのことばが，グっと身近になる．生物工学部門のママさん技術士である著者が実体験に基づき，身の周りで実感・納得できる「バイオなコト」を楽しく語る．

## プラネタリウムへようこそ

**青木満著/四六判/256頁/本体1800円**

現在はバリ島の子供たちを相手に本物の星空で天文教室活動を続ける著者が，かつてプラネタリウム解説員として体験した様々なエピソードを語る．内側から見たプラネタリウムを楽しく紹介し，プラネタリウムの新しい見方や賢い利用法も伝授する．

## ほんとの植物観察 /続 ほんとの植物観察

**室井綽・清水美重子他著/Ｂ５判/正：192頁 本体1650円/続：144頁 本体1600円**

アジサイ，アサガオなど身近な90の植物について，それぞれ数枚のスケッチをのせ，その中から「うそ」と「ほんと」のものを見分けることによって，草や花にもっと親しんでもらおうというユニークな植物観察の本．現場の研究者らによって執筆されたものだけに挿画も精緻．教師の指導用図鑑としても最適．

上記の本体価格には消費税は含まれておりません．

## ほしぞらの探訪

**山田卓著/Ａ５判/324頁/本体2000円**

星の探し方，二重星や星雲・星団の見え方を案内する座右の書．肉眼および双眼鏡，5cm，10cm望遠鏡で見られる対象に焦点をあて，とくに星雲・星団については，見える雰囲気を写真で示し，探しやすくするために案内図をつけた．本書と望遠鏡を手元に置けば，海や山での星空観望が充実したものとなる．

## 春の星座博物館

**山田卓著/Ｂ６判/232頁/本体1650円**

ユニークなイラストやマンガ，ユーモアあふれる記述で多くのファンを持つ山田卓が星座の見つけ方からその歴史，星の名前，伝説，星座の見どころなどを四季に分けて書き下ろした．春の巻では，やまねこ，しし，おおぐま,おとめ，ケンタウルス，うしかい，かんむりなど16星座を取り上げげた．

## 夏の星座博物館

**山田卓著/Ｂ６判/232頁/本体1650円**

夏休みは山や海に星の観測旅行に絶好の季節．この夏の巻では，星座めぐりの楽しいこつを説明．星を見るのに必要な内外の星図を紹介している．取り上げた星座は，てんびん，さそり，へびつかい，ヘルクレス，こぐま,はくちょう，こと，りゅう，こぎつね，や，わし，いて，みなみのかんむりなど19星座．

## 秋の星座博物館

**山田卓著/Ｂ６判/232頁/本体1650円**

秋から冬にかけては空も澄み，星々も輝きを増す．この巻では「気持ちのいい星を見る」ために，肉眼や双眼鏡を使った観測方法や，昼間の星見のこつを紹介．取り上げた星座は，アンドロメダ，ペルセウス，ペガスス，みずがめ，やぎ，カシオペア，くじら，おひつじ，さんかく，うおなど18星座．

## 冬の星座博物館

**山田卓著/Ｂ６判/232頁/本体1650円**

寒い冬は透明度やシーイングがよく，星を見る条件は四季の中でも最高．冬の代表的星座はオリオン座．この星座の二つの一等星をはじめ，ぎょしゃ座のカペラ，おおいぬ座のシリウスなど八つの一等星が冬の星空の見どころ．これらを中心に観測方法，こつなどを解説した．

上記の本体価格には消費税は含まれておりません．

# 家系図

［1999年3月15日現在、（　　）内は満年齢
□は死亡あるいは行方不明を示す］

- **サツキ** ♀（25歳以上）　1987年以前〜
  - **ゴー** ♂ ※（□）　1987年生〜88年6月死亡　1歳まで確認
  - **フータ** ♂ ※（□）　1987年生〜90年夏O群へ　3歳まで確認
- **サクラ** ♀（20歳ぐらい）　1987年以前〜
  - **メバル** ♂（□）　1985年生〜90年冬行方不明　5歳まで確認
  - **イシダイ** ♂（□）　1987年生〜93年冬行方不明　6歳まで確認
  - 性不明（□）　1989年生　死産または出産直後に死亡
  - **ワラビ** ♀（8歳）　1990年生〜
    - ♀（3歳）　1995年生〜
    - ♀（1歳）　1997年生〜
  - ♂（6歳）（□）　1992年生〜行方不明
  - **アケビ** ♀（5歳）　1993年生〜
    - ♀（0歳）　1998年生〜
  - ♂（3歳）　1995年生〜
  - ♀（2歳）　1996年生〜
  - ♀（0歳）　1998年生〜

## おとなオス

- **ブリ**（□）　1985年以前〜89年11月、A2-84群・A2-85群へ　94年秋死亡　20歳以上まで確認
- **ハゼ**（□）　1988年春〜90年3月、O群・A2-84群・Z2群へ
- ♂（□）　1990年春〜91年春行方不明
- ♂（□）　1991年夏〜行方不明
- ♂（□）　1996年夏〜97年春行方不明
- ♂　1996年夏〜